[앙토낭카렘] 맛의 비밀을 나누다

잘 팔리는 빵&디저트

실전레시피 56

BREAD & DESSERT

크라운출판사
http://www.crownbook.com

빵이란 무엇일까요?

　잘 만든 빵은 단순히 먹는 것을 뛰어넘어 우리에게 행복을 줍니다. 빵굽는 기술의 발달과 식생활의 변화로 인해 베이킹을 친근하게 느끼는 사람들이 점점 더 많아지고 있습니다. 이를 반영해 베이킹 분야에서는 훌륭한 책들이 다양하게 출간되고 있지만 너무나 많은 정보로 인하여 예비창업을 앞둔 제빵사들과 제2의 인생을 살기 위해 창업을 희망하는 사람들을 위한 제대로 된 책이 부족한 것이 현실입니다.

　그래서 저는 22년 동안 제빵일을 하며 쌓아온 생각과 지식을 여러분과 공유하고 나눔으로써 제빵사들의 더 나은 발전과 앞으로 '함께' 나아가야 할 방향을 제시하기 위해 책을 집필하기로 결정하였습니다.

　우선 제가 기술상무로 있는 '앙토낭카렘'은 25년 동안 꾸준히 성장하여 지금은 분당에서 맛있기로 소문난 빵집이 되었습니다. 이 성장은 '어떻게 하면 좀 더 맛있는 빵을 만들 수 있을까?'라는 단순한 질문에서 시작했습니다. 그렇게 시작한 앙토낭카렘에서 저는 판매자의 입장이 아닌 고객의 입장에서 최상의 재료를 쓰는 것이 결국에는 좀 더 맛있는 빵을 만들 수 있다는 결론을 내렸습니다. 방금 조리한 음식이 맛있는 것처럼 오븐에서 갓 나온 빵은 최상의 맛을 냅니다. 그렇게 간단하지만 다른 빵집에서는 잘 지키지 못하는 것을 앙토낭카렘에서는 하루에도 수차례 따뜻한 빵을 구워 내는 것으로써 지켜내고 있습니다. 이것이 같은 레시피의 빵이라도 성공하는 빵집과 성공하지 못하는 빵집의 차이라고 할 수 있습니다.

　그동안 빵을 만들고 빵집을 운영하면서 저에게는 '빵을 한 번에 굽지 마라!'라는 매뉴얼이 생겼습니다. 빵은 오븐에서 나와 3시간 안에 먹어야 가장 맛있습니다. 그래서 하루에 만들 빵을 절대 한 번에 만들지 않습니다. 하루에 만들 빵을 세 번 이상 나누어 굽고 그렇게 빵을 만들어 판매한다면 고객은 더 맛있는 빵을 먹게 될 것이고 맛있는 빵을 기분 좋게 먹은 고객은 분명히 단골이 될 것입니다. 그것이 이 책에서 여러분에게 말해주는 창업성공의 기본 규칙입니다.

저는 이 책 '잘 팔리는 빵과 디저트'를 통해서 실제 앙토낭카렘에서 사랑받는 레시피와 창업성공을 위한 저의 노하우를 여러분께 알려드릴 것입니다. 이 책의 레시피는 더욱더 발전되고 새로운 레시피의 바탕이 될 뿐만 아니라 여기에 수록된 실전 레시피를 활용하면 성공을 위한 맛있는 빵을 만드는 데 도움이 될 수 있을 것입니다. 하지만 레시피는 공유할 수 있어도 셰프의 마음은 공유할 수 없습니다. 오로지 정성을 다했을 때만이 여러분 손에 맛있는 빵이 담겨져 있을 것입니다.

그리고 제빵업은 혼자서 모든 것을 다하기 힘든 구조입니다. 빵을 만드는 사람과 판매하는 사람 그리고 고객의 입장에서 서로 배려하고 이해해야 '함께' 빵을 만들 수 있습니다. 이러한 조건들이 잘 지켜져야 최적의 작업효율과 최상의 맛을 가진 빵이 나오게 될 것입니다.

이 책에서는 섹션별로 식빵류(Tin bread), 조리빵류(Pan bread), 건강빵류(Hearth bread), 페스트리(Pastry), 구움과자류(Baking cookies), 케이크류(Cooling cookies)로 나누어 소규모 창업과 그 목적에 맞는 빵을 만들 수 있도록 구성하였습니다. 특히 저의 실무경험을 바탕으로 그 제품에 필요한 도구 및 기계 그리고 효율적인 공간배치법까지 수록하였습니다.

저는 '잘 팔리는 빵과 디저트'가 여러분에게 훌륭한 지침서를 넘어 창업을 희망하는 분들과 제2의 인생을 살기 위해 노력하는 모든 분들에게 메뉴 선택과 효율적인 판매까지 많은 것을 얻어갈 수 있는 가이드북으로 사용되기를 희망합니다.

끝으로 책이 출간되기까지 많은 도움을 주신 '앙토낭카렘'의 신헌 대표님과 아낌없이 지원을 해준 앙토낭카렘의 모든 직원 분들과 출판사 관계자 분들께 고마움을 전합니다.

Antoine Carême

앙토냉 카렘

Antoine Carême

앙토남카렘
소개

25년간 언제나 그 자리에서,
따뜻한 빵과 달콤한 디저트가 있는

베이커리 〈앙토냉카렘〉

근대 제과기술의 기초를 만든 프랑스 천재 파티시에 '앙토닝카렘'의 정신을 잇고자 1994년 분당에 문을 연 앙토닝카렘 베이커리는 왕이 먹을 과자를 정성스럽게 구웠던 것처럼 좋은 빵과 케이크를 고객들에게 선보이고자 하는 신 헌 대표와 김종철 기술상무 그리고 열정과 정성을 다하는 마음으로 열심히 근무하는 직원들의 마음이 고스란히 담겨있는 베이커리입니다.

프랜차이즈와 할인점, 백화점 등의 공세로 고전을 면치 못해 심각하게 침체되었던 윈도우 베이커리 시장에서 25년간 한 자리를 꿋꿋이 지켜오며 성장해온 앙토닝카렘에는 분명한 차별점이 있습니다.

20여년의 오랜 내공은 신헌 대표의
위기관리 노하우와 확고한 경영철학에서 시작합니다.

'잘 팔리는 빵과 디저트'

| Interview | 앙토낭카렘 신헌 대표님

"앙토낭카렘 출신의 제과, 제빵사들이 어
디서나 실력을 인정받고 함께 성장할 수 있
도록 제과 사관학교 역할을 하는 것이 목표
입니다."

Q 베이커리를 경영하면서 겪은 위기와 극복할
수 있었던 원동력은 무엇이었나요?

앙토낭카렘은 아파트 단지로 이루어진 신
도시 분당에 위치해 있습니다. 그동안 대형
프렌차이즈와 백화점에 입점해 있는 베이커

앙토낭카렘 **신헌** 대표

리 매장들의 공세로 개인이 운영하는 소규모 제과점들은 항상 손님을 뺏기는 위기를 겪어 왔습니다. 하지만
저희 앙토낭카렘은 윈도우 베이커리의 장점을 최대한 살리며 위기를 기회로 바꾸어 고비를 극복했습니다.
그것이 가능했던 원동력은 다음의 세 가지 원칙 때문입니다.

첫 번째, 언제 방문해도 '따뜻한 빵' 마케팅입니다.
프랜차이즈의 할인 마케팅에 흔들리지 않고 제값을 유지하면서 저온숙성을 활용해 하루에 여러 번 따뜻
한 빵을 구워내도록 하였습니다.
잘 팔리는 빵은 하루에 8번도 더 구워내며 언제 어느 시간에 방문해도 따뜻한 빵을 맛볼 수 있도록 신선
한 이미지를 유지한 덕분에 손님들이 앙토낭카렘의 빵 맛을 잊지 못하게 하였습니다.

두 번째는 한국 소비자의 입맛에 맞는 발 빠른 신제품 개발입니다.

앙토낭카렘에서는 3개월마다 제품의 1/3 이상을 리뉴얼합니다. 제철 과일과 야채를 이용한 제대로 된 빵과 디저트를 '시즌 한정'으로 출시하여 매장 전면에 디스플레이하고 시식을 통해 소비자들의 피드백을 반영하여 제품의 맛을 업그레이드 시키는 노력을 아끼지 않습니다. 그리고 유럽식 하스브레드류와 새로운 디저트 제품을 트랜드에 맞게 개발하면서도 한국 사람들의 입맛에 맞는 부드러운 식감과 맛의 밸런스를 맞추고자 제품 테스트를 지속적으로 하고 있습니다.

세 번째는 직원의 성장이 곧 '앙토낭카렘의 성장' 이라는 마인드입니다.

앙토낭카렘은 팀마다 팀장을 두고 생산과정의 자율권을 주어 빵과 디저트의 품질이 늘 일정하고 생산 효율성이 높아지도록 하고 있습니다. 매일 아침에 출근하면 먼저 공장을 둘러보며 전날 판매율이 좋았거나 좋지 못했던 제품의 생산 상황을 파악한 후 기술상무와 해결방안에 대해 논의하는 시간을 갖고 세부적인 사항을 기술상무와 각 팀장들에게 전달하도록 합니다. 각 팀에서 일어나는 일들과 직원들의 상황을 파악하고 있다는 사실은 함께 일하는 직원들이 언제나 긴장의 끈을 놓치지 않고 최선을 다할 수 있도록 하는 데 큰 원동력이 됩니다. 많이 구울 때는 하루에 8번까지 한 제품을 생산해내는 시스템이기 때문에 각 제품을 맡은 직원들은 빵에 대한 깊이 있는 이해와 실력을 갖추게 됩니다. 앙토낭카렘 출신의 제과, 제빵사들이 이후에도 어디서든 실력을 인정받고 함께 성장해 나갈 수 있도록 제과 사관학교 역할을 하는 것이 목표입니다.

"언제 방문해도 따뜻하고 신선한 빵과 디저트를
만날 수 있는 곳을 만들고 있습니다"
언제나 따뜻한 빵, 앙토낭카렘

| Interview | 앙토낭카렘 김종철 기술상무

앙토낭카렘은 조직적으로 운영되는 시스템이 가장 큰 장점입니다. 이 책의 목차 구성과 같이 틴브레드/팬브레드/하스브레드/페이스트리/베이킹쿠키/케이크 6가지 파트로 크게 구분되어 각 팀장이 담당을 맡아 생산과정에서 자율성을 주되 결과에 책임을 지고 운영될 수 있도록 하고 있습니다. 또한 각 파트별로 파트 구성원들 간 커뮤니케이션을 통해 맛을 지속적으로 테스트하고 시즌 및 제철에 맞는 아이템을 생산하기 때문에 직원들이 주체성을 갖고 근무하는 장점이 있습니다.

이 시스템 아래 매장에서는 실시간으로 재고를 파악하고 각 파트에 알려주어 인기가 있는 제품도 끊이지 않고 일정한 품질의 신선한 빵과 디저트를 만날 수 있습니다.

잘 팔리는 빵과 디저트, 창업과 실무자를 위한
실전 레시피 따라하기

창업자와 실무자를 위하여 한국인의 입맛에 맞게 만들어지고 판매를 통해 검증된 빵과 디저트의 실전 레시피를 제시했습니다.

실전 레시피의 특징

| 1 | 일반적인 밀가루 이외의 다양한 종류의 밀가루를 사용하여 제품에 차별화된 질감과 식감을 부여하는 방법을 제시했습니다.

| 2 | 밀가루 이외의 다양한 곡류를 사용하여 기능성 빵을 만들 수 있는 방법을 제시했습니다.

| 3 | 건과일의 질감을 개선하고 맛과 향을 보다 향상시킬 수 있는 방법을 제시했습니다.

| 4 | 첨가하는 부재료와 조화로운 빵의 질감과 식감을 나타낼 수 있는 검증된 앞선 반죽 제조법을 제시했습니다.

| 5 | 제품을 다채롭게 만들 수 있는 검증된 충전물과 토핑물 제조법을 제시했습니다.

| 6 | 화학 첨가물을 이용한 반죽 개선제를 대신할 수 있는 천연 반죽개선 방법을 제시했습니다.

| 7 | 제품에 특징을 부여하는 특별한 재료는 상호를 제시하여 재현성과 원가관리를 용이하게 했습니다.

| 8 | 제품의 질을 향상시키고 생산성을 높일 수 있는 도구와 기기를 제시했습니다.

| 9 | 제품이 만들어지는 현장상황을 사진에 담아 효율적인 생산방법을 제시했습니다.

| 10 | 완제품이 매장에 포장 진열되어 있는 상황을 사진에 담아 효율적인 판매방법을 제시했습니다.

| 11 | 제품 보관법을 사진에 담아 생산 후 보관하는 방법을 제시했습니다.

contents

이 책의 **차례**

화학 첨가제 대신 넣는 천연 반죽 개선제
『르방뒤흐 / 풀리쉬 / 사워종 / 스펀지 / 탕종』

사전 반죽 혹은 앞선 반죽이라고 통칭하며 본 반죽을 하기 전에 화학첨가제인 반죽숙성제나 팽창 보조제를 대신하여 (1) 발효산물의 극대화, (2) 볼륨의 극대화(빵의 부피), (3) 발효시간 단축 이 세 가지를 주된 목적으로 빵의 종류 및 원하는 식감과 맛에 따라 다양하게 사용할 수 있습니다.

|1| 르방뒤흐

르방뒤흐는 강한 발효의 향, 묵직한 식감과 질감을 표현하고자 할 때 사용됩니다.

(1) 샤프르방 프리믹스를 사용하는 방법

'샤프르방'이라는 양산 배양한 천연효모를 활용하여 고체 반죽을 만들어 발효 산물을 사전에 생성시 켰습니다.

천연효모인 샤프르방을 사용하면 안정된 발효력을 확보할 수 있습니다.

① 강력분과 천일염을 믹서볼에 붓고 저속으로 균일하게 혼합한다.
② 물에 샤프르방과 몰트를 풀어준 후 ①에 넣고 저속으로 균일하게 믹싱한다(픽업단계).
③ 반죽온도는 27℃로 맞춘다.
④ 발효 온도 27℃, 습도 80%, 120분 발효하고 12시간 냉장 숙성 후 사용한다.

르방뒤흐(1)	중량
강력분	1,000g
샤프르방	5g
천일염	15g
몰트	10g
물	675g

(2) 사워종을 사용하는 방법(강력분 1,500g, 몰트액기스 6g, 물 800g, 5차 사워종 600g)

'사워종'이라는 자가 배양한 천연효모를 활용하여 고체 반죽을 만들어 발효 산물을 사전에 생성시켰습니다.

차별화된 발효 산물로 개성 있는 빵의 맛과 향을 표현할 수 있습니다.

① 강력분을 믹서볼에 붓는다.

② 물에 1차 사워종과 몰트를 함께 넣고 ①의 믹서볼에 부어 저속으로 균일하게 믹싱한다(픽업단계).

③ 반죽온도는 27℃로 맞춘다.

④ 발효 온도 27℃, 습도 80%, 120분 발효하고 12시간 냉장 숙성 후 사용한다.

르방뒤흐(2)	중량
강력분	1,500g
몰트	6g
물	800g
5차 사워종	600g

| 2 | 풀리쉬

풀리쉬는 부피감 있는 빵을 표현하고자 할 때 사용됩니다. 공장제 효모인 이스트를 활용하여 액체 반죽을 만들어 효소를 생성 및 활성시켰습니다. 활성된 효소는 반죽의 유연함을 부여하여 완제품의 부피감을 좋게 합니다.

① 볼에 물과 드라이이스트 골드를 넣고 균일하게 풀어 준다.

② 강력분을 ①에 넣고 나무주걱으로 밀가루의 몽우리가 풀릴 수 있도록 잘 섞어 준다.

③ 반죽온도는 27℃로 맞춘다.

④ 발효 온도 27℃, 습도 80%, 60~90분 발효하고 12시간 냉장 숙성 후 사용한다.

풀리쉬	중량
강력분	1,000g
드라이이스트 골드	2g
물	1,000g

| 3 | 사워종

사워종은 순한 산미와 부피감 있는 빵을 표현하고자 할 때 사용됩니다. 요거트를 만드는 유산균을 활용하여 유산을 만들고 요거트 액종에 밀가루를 첨가하여 만든 액체 배지로 발효력을 향상시켰습니다.

플레인요거트액종	중량
플레인요거트	200g
꿀	50g
물	250g

1일차
전체를 혼합하여 유리병에 담고 28℃에서 하루 2번 흔든다.

3일차
기포가 형성되면 꿀 20g 추가 후 균일하게 나무젓가락으로 섞어 2일간 놔둔다.

5일차
탄산가스 냄새가 풍기면 냉장 보관하여 사용한다.

＊반죽온도와 발효온도는 27℃를 유지시킨다.

1차 사워종	요거트 액종 100g + 유기농 밀가루 100g + 꿀 1g + 유기농통밀 1g	12~16시간 배양 후
2차 사워종	1차 사워종 전량 + 유기농 밀가루 200g + 물 200g	12~14시간 배양 후
3차 사워종	2차 사워종 전량 + 유기농 밀가루 600g + 물 600g	12~14시간 배양 후
4차 사워종	3차 사워종 전량 + 유기농 밀가루 1,800g + 물 1,800g	12~14시간 배양 후
5차 사워종	4차 사워종 10kg + 유기농 밀가루 20kg + 물 20kg + 꿀 20g + 유기농 통밀 20g	

＊4차 사워종까지는 손으로 혼합하고 5차 사워종은 믹서로 혼합한다.

혼합된 5차 사워종을 르방 프로세서에 넣고 10~12시간 배양 후 5℃에서 보관·관리하며 사용한다.

| 4 | 스펀지

스펀지는 빵의 발효 향과 부피감 있는 빵을 표현하고자 할 때 사용됩니다. 공장제 효모인 이스트를 활용하여 고체 반죽을 만들어 생성시킨 에틸 알코올로 글루텐을 연화시켜 빵의 부피감을 좋게 합니다.

① 강력분과 천일염을 믹서볼에 넣고 저속으로 균일하게 혼합한다.
② 물에 드라이이스트 골드를 풀어준 후 넣고 저속으로 균일하게 믹싱한다.
③ 반죽온도는 27℃로 맞춘다.
④ 발효 온도 27℃, 습도 80%, 120분 발효하고 12시간 냉장 숙성 후 사용한다.

스펀지	중량
강력분	2,000g
드라이이스트 골드	4g
물	1,400g
천일염	4g

| 5 | 탕종

탕종은 쫄깃한 식감을 표현하고자 할 때 사용됩니다. 익반죽이라고도 부르며 반죽의 일부분을 사전에 끓는 물로 전분을 호화시켜 점성을 만든 후 본 반죽에 넣어 완제품의 질감을 쫄깃하게 만듭니다.

① 강력분과 설탕, 천일염을 믹서볼에 넣고 저속으로 균일하게 혼합한다.
② 끓인 물을 넣고 고속으로 믹싱한다.
③ 믹싱이 완료된 탕종은 냉장 보관하며 사용한다.

탕종	중량
강력분	1,000g
끓인 물	2,000g
설탕	100g
천일염	100g

틴브레드
Tin bread

반죽을 틀에 넣어 만드는 빵으로서 식빵 전문점의
아이템으로 판매가 가능한 품목들을 소개합니다.
현대인들의 바쁜 생활 속에서 아침 식사 및 간식으로
간편하게 먹을 수 있는 샌드위치, 토스트 등으로 잼,
버터와 함께 다양한 활용이 가능합니다.

윤혜영 셰프
틴브레드 파트장

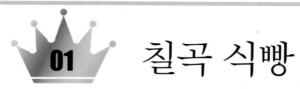

01 칠곡 식빵

분할중량 250×2g　　**생산수량** 16개

일곱가지 곡류가 들어간 크라프트 콘을 사용함으로 인해 볼륨이 작아지는 결점은 반죽 개선제와 스펀지 반죽을 넣어 부피감을 높임으로써 보완하였습니다. 화이트사워종을 사용하여 반죽의 숙성에 깊이를 더했습니다.
건강식 토스트 샌드위치이며 상대적으로 부드러운 질감을 원하는 소비자에게 추천할 수 있습니다.

재료

- 강력분 3,000g
- 크라프트 콘 1,124g
- 설탕 278g
- 천일염 22g
- 반죽 개선제 30g
- 버터 278g
- 생이스트 150g
- 스펀지 반죽 412g
- 계란 6개
- 물 2,062g
- 사워종 400g

＊사워종 제조방법은 14page 참조

칠곡 식빵 작업흐름도

1 | 반죽
앞선 반죽(스펀지 반죽, 사워종)
↓
본 반죽 제조(반죽온도 27℃)

2 | 1차 발효
27℃, 75%, 50분

3 | 성형 공정
이봉형

4 | 2차 발효
38℃, 85%, 50~60분

5 | 굽기
190/200℃, 30분

○ 반죽하기

1 | 크라프트콘

2 | 가루재료

3 | 액체재료

4 | 버터투입

1/ **반죽 :** 반죽온도 27℃, 최종 단계

① 스펀지 반죽, 강력분, 크라프트콘, 설탕, 천일염, 반죽 개선제를 믹싱볼에 넣는다.

② 사워종, 생이스트, 계란, 물을 넣고 믹싱한다.

③ 클린업 단계에서 버터를 넣고 믹싱하여 반죽을 완성한다.

① 곡물 프리믹스인 크라프트콘에는 맥아, 밀가루, 대두, 호밀 분말, 귀리, 해바라기씨 등이 혼합되어 있습니다.

② 된 스펀지 반죽은 가루재료와 함께 투입하고 묽은 사워종은 액체재료와 함께 투입합니다.

③ 밀가루의 수화가 완료된 후 버터를 섞으면 반죽의 노화가 지연됩니다.

④ 다른 성질을 가진 재료들을 순차적으로 투입하면 균일하게 혼합된 반죽을 만들 수 있습니다.

틴브레드 파트장의 **Tip**

○ 발효 및 성형

5	완성된 반죽 상태	6	1차 발효실 넣기
7	분할하기	8	중간발효
9	성형하기	10	팬닝하기

2/ 1차 발효 : 27℃, 75%, 50분

3/ 반죽 분할 250g, 둥글리기, 중간발효 15분, 이봉형으로 성형 후 팬닝

틴브레드 파트장의 **Tip**

① 1차 발효실의 온도는 반죽의 내부온도를 외부의 환경과 비슷하게 설정하여 균일한 발효를 진행할 수 있도록 합니다.

② 1차 발효실의 습도는 반죽에 함유된 총 수분함량을 밀가루 기준 수분함량의 비율과 비슷하게 설정하여 반죽 외피가 마르는 것을 방지합니다.

③ 밀가루 기준 수분함량의 비율이 다른 여러 가지 반죽이 발효실에 함께 들어가야 할 경우, 랩이나 비닐을 씌워 발효실에 넣어 줍니다.

○ 발효 및 굽기

11 | 2차 발효실 넣기

12 | 2차 발효 완료상태

13 | 오븐 굽기

14 | 굽기 완성

15 | 버터 광택제 바르기

16 | 디스플레이된 칠곡식빵

4/ **2차 발효** : 38℃, 85%, 50~60분

5/ **굽기** : 190/200℃ 30분

틴브레드 파트장의 **Tip**

① 2차 발효실의 온도와 습도를 반죽보다 높게 설정하는 이유는 발효되는 과정에서 반죽이 틀의 형태에 맞게 형성되도록 하기 위함입니다.

② 반죽 개선제와 사워종이 함께 들어가서 오븐 내에서 부피 팽창이 크게 일어나 완제품의 식감이 가볍고 질감은 부드럽게 만들어집니다.

③ 오븐에서 구워져 나온 직후 녹인 버터를 바르면 광택제와 수분이 날아가는 것을 막는 보습제 역할을 합니다.

크랜베리 식빵

분할중량 330g   **생산수량** 10개

풀리쉬를 제조하여 냉장고에서 12시간 보관하고 알코올과 초산을 생성시켜 본 반죽에 투입한 후 제빵개량제를 넣지 않으면서 볼륨을 확보하고 곡류의 숙성을 유도합니다. 이때 발생할 수 있는 산미를 크랜베리를 넣어 상쇄시킵니다. 쌀가루를 이용한 토핑을 만들어 베이킹 후 식빵 모양의 단조로움과 식감을 개선하였습니다. 호두와 크랜베리가 듬뿍 들어가 바쁜 아침 간편하게 먹을 수 있는 식사 대용으로 추천할 수 있습니다.

◐ 재료

- □ 강력분 600g
- □ 천일염 35g
- □ 생이스트 15g
- □ 물 200g
- □ 호두분태 250g
- □ 크랜베리 300g
- □ 풀리쉬 2,000g

＊풀리쉬 제조방법은 13page 참조

◐ 토핑물

- □ 강력분 10g
- □ 설탕 10g
- □ 천일염 4g
- □ 식용유 10g
- □ 생이스트 10g
- □ 쌀가루 110g
- □ 물 110g

◐ 크랜베리 식빵 작업흐름도

1 | 반죽

앞선 반죽(풀리쉬)
↓
본 반죽 제조(반죽온도 27℃)

2 | 1차 발효

27℃, 75%, 60분, 펀치 후 30분 발효

3 | 성형 공정

원로프

4 | 토핑 제조(1단계법)

5 | 2차 발효

38℃, 85%, 50~60분 후 토핑 바르기

6 | 굽기

스팀 후 220/200℃ 20~22분

○─ 전처리하기

1 | 크랜베리 씻기

2 | 찜기에 넣기

3 | 40분 찌기

4 | 완료된 상태

1/ 크랜베리 전처리하기

① 크랜베리의 불순물을 제거하기 위하여 체에 걸러 씻어준다.

② 크랜베리를 찜기에 넣고 40분간 쪄준다.

① 크랜베리의 수분 수율을 높여 반죽과 크랜베리 간의 수분 이동을 막아 빵의 촉촉함을 유지하도록 합니다.

② 전처리가 완료된 크랜베리는 밀폐용기에 넣어 냉장보관하고 10일 이내로 사용 가능합니다.

③ 수분을 머금은 크랜베리는 건조된 상태보다 더 부드러운 식감을 갖게 됩니다.

틴브레드 파트장의 **Tip**

o─ 반죽 및 발효

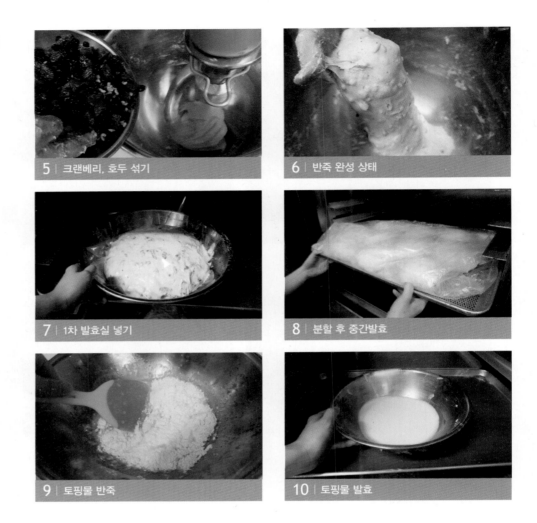

5 | 크랜베리, 호두 섞기

6 | 반죽 완성 상태

7 | 1차 발효실 넣기

8 | 분할 후 중간발효

9 | 토핑물 반죽

10 | 토핑물 발효

2/ **반죽 :** 반죽온도 27℃, 최종 단계

① 강력분, 천일염을 믹싱볼에 넣는다.

② 폴리쉬, 생이스트, 물을 넣고 믹싱한다.

③ 최종 단계에서 크랜베리와 호두를 넣고 믹싱하여 반죽을 완성한다.

3/ **1차 발효 :** 27℃, 75%, 60분, 펀치 후 30분 발효

4/ **반죽 분할** 330g, 둥글리기, 중간발효 15분, 원로프로 성형 후 팬닝

5/ **토핑 제조 :** 전 재료를 스텐볼에 넣고 섞어 주며 40분간 2차 발효실에 넣고 발효시킨다.

① 크랜베리와 호두는 으깨지지 않도록 반죽의 마지막 단계에 넣고 가볍게 섞어 줍니다.

② 토핑물을 발효시킴으로써 점성을 약화시켜 굽기 후 갈라짐과 바삭한 식감을 줍니다.

틴브레드 파트장의 **Tip**

○ 발효 및 굽기

11 | 성형 공정

12 | 팬닝 후 2차 발효

13 | 2차 발효 완성

14 | 굽기

15 | 굽기 완성

16 | 디스플레이 된 크랜베리 식빵

6/ **2차 발효 :** 38℃, 85%, 50~60분 후 토핑물 바르기

7/ **굽기 :** 스팀 후 220/200℃, 20~22분

틴브레드 파트장의 **Tip**

① 2차 발효실의 온도와 습도를 반죽의 온도와 수분함량보다 높게 설정하여 틀의 형태에 맞게 반죽이 부풀어올라 형성되는 것을 도와줍니다.

② 묽은 토핑물을 바르고 구울 경우 반죽내부의 온도 상승을 늦춰 구워지는 과정에서 완제품의 부피가 커집니다.

③ 1인 가구가 많아지는 추세에 맞춰 개봉 후 남기지 않고 먹을 수 있는 분량의 미니 사이즈 식빵으로도 제조가 가능합니다.

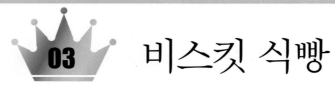

03 비스킷 식빵

분할중량 400g **생산수량** 10개

특징적인 부재료로 우유, 연유, 버터를 선택하여 유지방과 유단백질 고유의 맛과 향을 느낄 수 있습니다. 밀가루 기준 10% 정도의 사워종과 몰트를 넣어 반죽의 숙성을 촉진시켰습니다. 유지함량과 화학 팽창제의 비율이 높은 충전물 비스킷을 만들어 반죽 속에 감싼 후 결을 만들어 페이스트리와 유사한 식감을 나타냅니다. 바삭한 식감의 간식용 식빵을 원하는 손님들에게 추천할 수 있습니다.

재료

□ 강력분 2,000g   □ 설탕 220g
□ 천일염 40g   □ 몰트 10g
□ 생이스트 60g   □ 버터 320g
□ 계란 8개   □ 연유 100g
□ 우유 320g   □ 사워종 200g
□ 물 320g

*사워종 제조방법은 14page 참조

비스킷

□ 서울우유버터 2,025g   □ 앵커버터 2,160g
□ 설탕 2,880g   □ 천일염 36g
□ 계란 18개   □ 박력분 6,750g
□ 베이킹파우더 90g   □ 베이킹소다 67.5g

비스킷 식빵 작업흐름도

1 | 반죽
앞선 반죽(사워종)

본 반죽 제조(반죽온도 27℃)

2 | 1차 발효
27℃, 75%, 60분

3 | 비스킷 제조(크림법)

4 | 성형 공정
롤링형(비스킷 충전)

5 | 2차 발효
38℃, 85%, 50~60분

6 | 굽기
컨벡션 오븐 165℃ 35분

○- **비스킷 제조**

1	포마드 후 계란 투입
2	가루재료
3	비스킷 분할
4	냉장보관

1/ **비스킷 만들기**

① 서울우유버터, 앵커버터, 설탕, 천일염을 포마드 상태로 만든다.

② 계란을 넣고 분리현상이 일어나지 않게 비터로 섞어준다.

③ 체에 친 박력분, 베이킹파우더, 베이킹소다를 섞어준 후 냉장에서 1시간 이상 휴지시킨다.

④ 휴지 후 250g씩 분할하고 사용 전까지 냉장보관한다.

비스킷 제조 시 크림화를 많이 하여 공기가 많이 들어가면 빵을 구울 때 비스킷이 잘 익지 않습니다.

틴브레드 파트장의 **Tip**

○ 반죽 및 발효

5 | 반죽 완성

6 | 반죽 분할

7 | 둥글리기

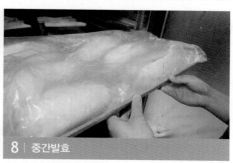

8 | 중간발효

9 | 밀어 펴기

10 | 비스킷 충전

2/ **반죽 :** 반죽온도 27℃, 최종 단계

① 강력분, 설탕, 천일염을 믹싱볼에 넣는다.

② 사워종, 생이스트, 몰트, 계란, 물, 우유, 연유를 믹싱한다.

③ 클린업 단계에서 버터를 넣고 믹싱하여 반죽을 완성한다.

3/ **1차 발효 :** 27℃, 75%, 60분

4/ 반죽 분할 400g, 둥글리기, 중간발효 15분, 분할한 비스킷 250g을 넣고 삼겹접기

밀가루 대비 10%의 사워종 첨가는 빵에 신맛을 나타나지 않게 하면서 화학 반죽 개선제를 대신할 수 있습니다.

틴브레드 파트장의 **Tip**

성형 · 발효 · 굽기

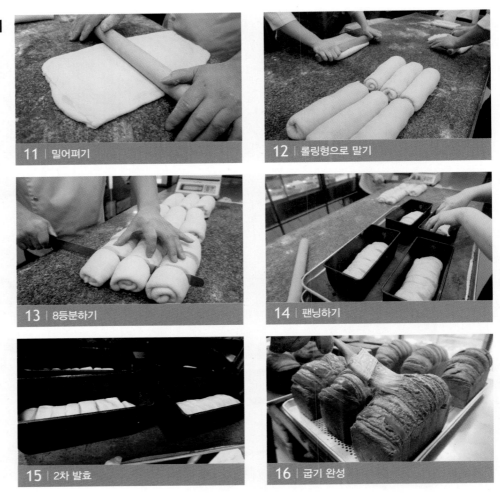

11 | 밀어펴기

12 | 롤링형으로 말기

13 | 8등분하기

14 | 팬닝하기

15 | 2차 발효

16 | 굽기 완성

5/ 삼겹접기 후 밀대로 밀어 롤링형으로 말기

6/ 빵칼을 이용해 8등분한 후 팬닝하기

7/ 2차 발효 : 32℃, 85%, 50~60분

8/ 굽기 : 컨벡션 오븐 165℃ 35분

---

① 비스킷을 익히고 결을 만들기 위하여 충전 후 8등분으로 잘라주었습니다.

② 비스킷을 구성하는 유지가 녹지 않도록 2차 발효실의 온도를 32℃로 설정해야 굽기 후 빵의 바삭한 결을 만들 수 있습니다.

틴브레드 파트장의 **Tip**

04 홍국 식빵

분할중량 280×2g　　**생산수량** 13개

홍국쌀가루는 피의 순환을 돕고 소화가 잘 되게 하며, 콜레스테롤 수치를 낮춰주는 역할을 합니다. 탕종을 만들어 질감의 쫄깃함을 표현하고 스펀지를 만들어 빵의 부피감을 돕는 제빵개량제의 효과를 대체하였습니다. 샌드위치용 식빵으로써 건강을 지향하는 소비자에게 추천할 수 있습니다.

○─ 재료

□ 강력분 1,720g   □ 천일염 10g
□ 설탕 130g   □ 버터 140g
□ 몰트 10g   □ 탈지분유 80g
□ 생이스트 80g   □ 계란 2개
□ 물 850g   □ 탕종 1,250g
□ 스펀지 1,150g   □ 홍국 80g

○─ 탕종

□ 강력분 1,000g   □ 끓인 물 2,000g
□ 설탕 100g   □ 천일염 100g

＊탕종 제조방법은 15page 참조

○─ 스펀지

□ 강력분 2,000g   □ 드라이이스트 레드 4g
□ 물 1,400g   □ 천일염 4g

＊스펀지 제조방법은 15page 참조

○─ 홍국 식빵 작업흐름도

1 | 반죽

앞선 반죽(스펀지 반죽, 탕종)

↓

본 반죽 제조(반죽온도 27℃)

2 | 1차 발효

27℃, 75%, 50분

3 | 성형 공정

이봉형

4 | 토핑 제조(1단계법)

5 | 2차 발효

38℃, 85%, 60분

6 | 굽기

190/200℃ 30분

○- **탕종 만들기**

1 | 가루재료

2 | 끓인 물 넣기

3 | 익반죽 완성

4 | 냉장보관

1/   탕종 만들기

① 강력분과 설탕, 천일염을 믹싱볼에 넣고 저속으로 균일하게 혼합한다.

② 끓인 물을 넣고 고속으로 믹싱한다.

③ 믹싱이 완료된 탕종은 냉장보관하며 필요할 때 꺼내서 사용한다.

익반죽을 만들어 반죽에 넣어서 굽게 되면 빵의 쫄깃한 식감을 살릴 수 있습니다.

틴브레드 파트장의 **Tip**

○ 반죽 및 발효

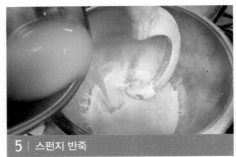

5 | 스펀지 반죽

6 | 스펀지 완성

7 | 스펀지 보관

8 | 홍국쌀가루

9 | 반죽 완성

10 | 1차 발효

2/ **반죽** : 반죽온도 27℃, 최종 단계

　① 강력분, 설탕, 탈지분유, 탕종, 스펀지, 홍국쌀가루를 믹싱
　　볼에 넣는다.

　② 몰트, 생이스트, 계란을 물에 풀어 넣고 믹싱한다.

　③ 클린업 단계에서 버터를 넣고 믹싱하여 반죽을 완성한다.

3/ **1차 발효** : 27℃, 75%, 50분

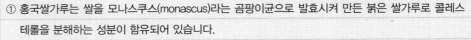

① 홍국쌀가루는 쌀을 모나스쿠스(monascus)라는 곰팡이균으로 발효시켜 만든 붉은 쌀가루로 콜레스
　테롤을 분해하는 성분이 함유되어 있습니다.

② 스펀지로 화학 반죽 개선제를 대체하여 빵의 발효 향을 얻고 부피감 있는 빵을 만들 수 있습니다.

틴브레드 파트장의 **Tip**

○─ 성형·발효
·굽기

11 | 둥글리기

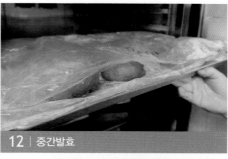

12 | 중간발효

13 | 밀어펴기

14 | 팬닝하기

15 | 굽기 완성

16 | 올리브유 바르기

4 / 반죽 분할 300g, 둥글리기, 중간발효 15분 이봉형으로 성형 후 팬닝

5 / 2차 발효 : 32℃, 85%, 60분

6 / 굽기 : 190/200℃ 30분, 광택제 바르기

틴브레드 파트장의 **Tip**

홍국쌀가루의 발효과정에서 생성되는 물질인 모나콜린 케이(monacolin-K)는 내열성이 있어서 굽기 후에도 콜레스테롤 분해 능력이 감소하지 않습니다.

05 단호박 찰 식빵

분할중량 200g   생산수량 15개

한국사람들이 좋아하는 쫀득한 식감을 표현하기 위해서 파인소프트-T를 넣고 반죽계량제인 무기산을 대신하여 유기산이 함유되어 있는 사워종을 첨가하였습니다. 충전물에도 파인소프트-T와 파인소프트-C를 넣어 쫀득함을 더해주고 단호박, 강낭배기, 완두배기를 첨가하여 고소하고 씹히는 맛의 즐거움을 배가시켰습니다. 한국의 전통 디저트인 떡의 식감과 맛을 빵으로 새롭게 재해석한 제품입니다.

○— 재료

□ 유기농 강력분 1,100g   □ 호박 분말 100g
□ 파인소프트-T 300g   □ 설탕 150g
□ 천일염 20g   □ 생이스트 20g
□ 사워종 200g   □ 물 500g
□ 우유 500g   □ 버터 150g

＊사워종 제조방법은 14page 참조

○— 충전물

□ 파인소프트-T 600g   □ 파인소프트-C 125g
□ 설탕 350g   □ 물엿 175g
□ 천일염 20g   □ 버터 220g
□ 계란 3개   □ 크림치즈 200g
□ 강낭배기 100g   □ 완두배기 100g
□ 삶은 단호박 900g   □ 단호박 시럽 100g

＊단호박 삶기 : 단호박 2,000g에 물 1,500g과 설탕 1,000g을 넣고 삶아 익힌다.
＊단호박 시럽 : 단호박을 삶을 때 생기는 시럽은 버리지 말고 냉장보관하여 사용한다.

○— 토핑물

□ 소보루 500g   □ 호두 100g
□ 검은깨 50g

○— 단호박 찰 식빵 작업흐름도

1 | 반죽
앞선 반죽(사워종)
⬇
본 반죽 제조(반죽온도 27℃)

2 | 1차 발효
27℃, 75%, 50분

3 | 충전물 제조

4 | 성형 공정
원로프(충전물 충전)

5 | 2차 발효
38℃, 85%, 60분

6 | 굽기
180/160℃ 30분

○ 반죽하기

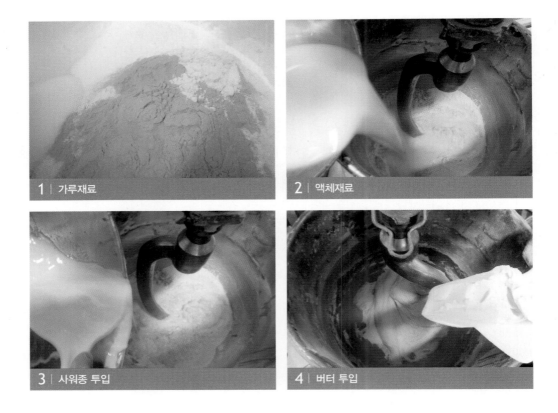

1 | 가루재료

2 | 액체재료

3 | 사워종 투입

4 | 버터 투입

1/ **반죽 :** 반죽온도 28℃, 최종 단계

① 강력분, 호박 분말, 파인소프트-T, 설탕, 천일염을 믹싱볼에 넣는다.

② 생이스트, 물, 우유, 사워종을 넣고 믹싱한다.

③ 클린업 단계에서 버터를 넣고 믹싱하여 반죽을 완성한다.

---

① 타피오카 전분으로 만든 파인소프트-T를 소량 첨가하면 한국 소비자들이 좋아하는 떡의 찰진 질감을 표현할 수 있습니다.

② 소량의 사워종을 본 반죽에 첨가하면 신맛을 내지 않으면서 빵 반죽의 신장성을 증진시켜 빵의 볼륨을 좋게 합니다.

③ 파인소프트-T를 첨가한 상태에서 믹싱 시간이 길어지면 반죽이 늘어지고 굽기 시 점성의 증가로 볼륨이 나빠질 수 있습니다.

틴브레드 파트장의 **Tip**

발효 및 충전물/
토핑물 제조

5 | 반죽 완성

6 | 1차 발효

7 | 충전물 제조

8 | 토핑물 제조

9 | 충전하기

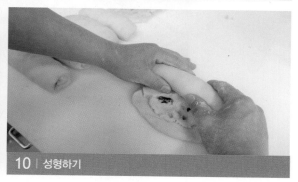

10 | 성형하기

2/ **1차 발효** : 27℃, 75%, 50분

3/ **충전물 제조**

① 강낭배기, 완두배기, 삶은 단호박을 제외한 전 재료를 믹서에 넣고 비터를 사용하여 포마드 상태로 만든다.

② 끓는 물에 삶아 체에 받쳐둔 단호박, 강낭배기, 완두배기를 넣고 가볍게 섞어준다.

4/ **토핑물 제조** : 소보루, 호두, 검은깨를 균일하게 혼합한다.

5/ 반죽 분할 200g, 둥글리기, 중간발효 15분 후 원로프(충전물 충전) 성형 후 윗면을 8등분

충전물에 넣은 파인소프트-T는 '카시바'라는 식물 뿌리의 녹말을 추출해서 만든 타피오카 전분으로 빵
의 쫄깃하고 찰진 식감을 표현하고 파인소프트-C는 빵의 보습력을 높여 식감을 부드럽게 하고 노화를
지연시키는 역할을 합니다.

틴브레드 파트장의 **Tip**

○ 발효 및 굽기

11 | 토핑물

12 | 우유 바르기

13 | 토핑물 묻히기

14 | 2차 발효

15 | 굽기 완성

16 | 매장 진열

6/ 우유를 바르고 토핑물 묻혀 팬닝

7/ 2차 발효 : 38℃, 85%, 60분

8/ 굽기 : 180/160℃ 30분

① 우리에게 친숙한 재료인 단호박을 삶아 식빵에 넣고 단호박 분말을 반죽에 첨가하여 시각적인 즐거움과 맛을 함께 표현한 빵입니다.

② 토핑물에 검은깨와 호두를 첨가하여 주재료인 단호박과 잘 어울리며 시각적인 효과와 고소한 맛의 즐거움을 주는 빵입니다.

틴브레드 파트장의 **Tip**

06 후랑보아즈 레즌

분할중량 2,275g　　**생산수량** 14개

설탕, 달걀, 버터, 우유를 넣어 만든 프랑스식 브리오슈 반죽의 다소 부담스러울 수 있는 맛을 보완할 수 있도록 새콤달콤한 건포도와 산딸기 맛의 라즈베리 퓌레를 첨가하였습니다. 반죽과정에서 앞선반죽으로 사워종을 넣고 냉장고에서 진행되는 1차 발효 시간을 15시간으로 하여 깊이있는 숙성의 맛을 나타냈습니다. 지친 일상의 달콤한 휴식 시간에 입맛을 돋우어 줄 수 있는 맛있는 식빵입니다.

○ 재료

□ 강력분 6,000g   □ 설탕 1,500g

□ 천일염 72g   □ 드라이이스트 골드 120g

□ 버터 2,400g   □ 노른자 300g

□ 계란 1,800g   □ 우유 300g

□ 물 600g   □ 몰트 60g

□ 바닐라 오일 10g   □ 연유 600g

□ 사워종 600g

＊사워종 제조방법은 14page 참조

○ 충전물

□ 건포도 3,000g   □ 라즈베리 퓌레 1,000g

○ 토핑물

□ 흰자 280g   □ 분당 280g

□ 아몬드 분말 140g

○ 후랑보아즈 레즌 작업흐름도

1 | 충전물(건포도+라즈베리 퓌레) 제조

2 | 반죽

앞선 반죽(사워종)

↓

본 반죽 제조(반죽온도 24℃)

3 | 1차 발효

냉장 15시간

4 | 성형 공정

롤링형(충전물 충전)

5 | 2차 발효

38℃, 85%, 90분(토핑 바르기)

6 | 굽기

170/160℃ 35분

○– 전처리하기

1 | 라즈베리 퓌레

2 | 따뜻한 물에 불린 건포도

3 | 체에 받쳐 거르기

4 | 건포도와 퓌레 혼합

1/ 전처리

① 건포도는 37℃ 정도의 따뜻한 물에 담가 30분가량 불린다.

② 라즈베리 퓌레와 섞어 24시간 냉장 숙성시킨다.

틴브레드 파트장의 **Tip**

① 건포도를 따뜻한 물에 불리는 과정에서 겉면에 코팅된 해바라기씨유를 제거합니다.

② 라즈베리 퓌레와 불린 건포도를 혼합하는 과정에서 건포도에서 용출된 당이 보충되고 라즈베리 특유의 시고 단맛이 건포도와 잘 어울리게 됩니다.

○ 반죽 및 성형

5 | 반죽하기

6 | 스파이럴 믹서

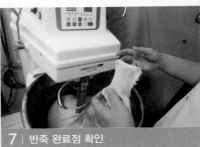

7 | 반죽 완료점 확인

8 | 반죽 완성

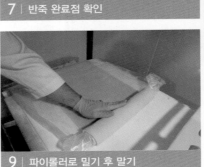

9 | 파이롤러로 밀기 후 말기

10 | 냉장 후 말기

2/　**반죽** : 반죽온도 24℃, 최종 단계
　　① 강력분, 설탕, 천일염을 믹싱볼에 넣는다.
　　② 드라이이스트 골드, 노른자, 계란, 우유, 물, 몰트, 바닐라 오일, 연
　　　유, 사워종을 넣고 믹싱한다.
　　③ 클린업 단계에서 버터를 넣고 믹싱하여 반죽을 완성한다.

3/　**반죽 분할** 2,285g 후 둥글리기

4/　**1차 발효** : 냉장 15시간, 겨울에는 1차 발효 후 냉장휴지한다.

5/　**토핑 제조** : 흰자와 분당을 70% 휘핑한 후 아몬드 분말을 섞어준다.

---

① 버터가 많이 들어가는 브리오슈 반죽을 바탕으로 만들어 질감이 부드럽고 촉촉한 빵을 만들 수 있습니다.

② 밀가루 대비 25%가량 설탕이 들어가는 반죽이기 때문에 발효력이 안정적인 고당용 드라이이스트
　골드를 사용하는 것이 좋습니다.

틴브레드 파트장의 **Tip**

○- 발효 및 굽기

11 | 레즌 충전

12 | 말아서 재단 후 팬닝

13 | 2차 발효

14 | 토핑물 짜기

15 | 아몬드 뿌리기

16 | 굽기 후 분당 뿌리기

6/ 파이롤러를 사용하여 밀어펴기(세로 40cm×가로 100cm)한 후 비닐과 함께 말아 냉장보관

7/ 냉장고에서 반죽을 꺼내어 펼치고 충전물 430g을 골고루 뿌려준 후 140cm 롤모양으로 말기

8/ 5cm 간격으로 재단 후 파운드 틀에 4개씩 팬닝

9/ 2차 발효 : 38℃, 85%, 90분(토핑 바르기)

10/ 굽기 : 170/160℃ 35분

① 융점이 낮은 많은 양의 버터가 들어가 고온 발효 시 버터가 녹아 배어 나오기 때문에 냉장 발효시켜 유지를 안정화시킵니다.

② 마카롱을 베이스로 한 토핑물을 올려 구워내 빵 겉면에 바삭하고 쫀득한 질감과 고소한 맛을 표현할 수 있습니다.

틴브레드 파트장의 **Tip**

고구마 식빵

분할중량 180g   **생산수량** 43개

달고 부드러운 식감을 좋아하는 현대인의 입맛에 맞춰 고구마를 당 절임하고 본 반죽과 충전용 크림에 많은 양의 유지를 첨가하여 고구마의 맛을 재구성했습니다. 본 반죽 제조 시 제빵개량제를 대신하여 빵의 볼륨을 확보하기 위해 스펀지 반죽을 제조하여 첨가하였습니다. 식이섬유가 많은 고구마는 활동량이 적어 변비가 있는 현대인들에게 적합한 탄수화물 공급원입니다.

○- 재료

□ 강력분 3,000g   □ 설탕 400g
□ 천일염 60g   □ 몰트 30g
□ 파슬리 20g   □ 생이스트 120g
□ 스펀지 600g   □ 계란 32ea
□ 우유 440g   □ 버터 1,600g

*스펀지 제조방법은 15page 참조

○- 아몬드 크림

□ 서울우유버터 2,700g   □ 설탕 2,700g
□ 계란 2,400g   □ 박력분 540g
□ 아몬드 분말 2,160g   □ 럼 300g

○- 충전물

□ 고구마 2,000g   □ 설탕 1,000g
□ 물 1,500g

*고구마에 설탕과 물을 넣고 삶아 익혀 사용한다.

○- 고구마 식빵 작업흐름도

1 | 아몬드크림 제조

2 | 반죽
앞선 반죽(스펀지)
↓
본 반죽 제조(반죽온도 24℃)

3 | 1차 발효
24℃, 70%, 60분, 펀치 후 30분(고구마 전처리)

4 | 성형 공정
롤링형(충전물 충전)

5 | 2차 발효
38℃, 85%, 60분

6 | 굽기
170/165℃ 30분

○— 아몬드 크림
　　제조

1 | 마가린과 설탕 포마드
2 | 계란 투입
3 | 가루재료
4 | 아몬드 크림 완성

1/　　**아몬드 크림 만들기**

　　① 서울우유버터와 설탕을 포마드 상태로 만든다.

　　② 계란을 3회에 나누어 넣고 섞은 후 체친 아몬드 분말, 박력분, 럼을 넣어준다.

　　③ 완성된 아몬드크림은 12시간 이상 냉장보관한 후 사용한다.

① 서울우유버터와 계란의 양이 많아 섞이는 동안 분리현상이 일어날 수 있으므로 계란이 섞이는 상태
　를 파악하며 투입 양과 시기를 조절합니다.

② 지나치게 휘핑을 하면 공기혼합량이 많아 빵 반죽 내부에 들어가는 아몬드 크림이 익지 않을 수 있
　기 때문에 주의합니다.

틴브레드 파트장의 **Tip**

○– 반죽 및 성형

5 | 고구마 전처리

6 | 시럽과 함께 끓임

7 | 반죽 분할

8 | 중간발효

9 | 아몬드 크림짜기

10 | 충전 후 말기

2/ **반죽** : 반죽온도 24℃, 최종 단계

　① 강력분, 설탕, 천일염, 파슬리를 믹싱볼에 넣어준다.

　② 스펀지, 몰트, 생이스트, 전란, 우유를 넣고 믹싱한다.

　③ 클린업 단계에서 버터를 넣고 믹싱하여 반죽을 완성한다.

3/ **1차 발효** : 24℃ 70%, 60분 후 펀치하여 30분 발효

4/ 반죽 분할 180g, 둥글리기, 중간발효 15분, 원형으로 밀어 편 후 아몬드크림 짜주고 고구마 충전

---

① 밀가루 대비 45% 이상의 버터가 들어가기 때문에 발효실 온도는 24℃를 유지하여야 버터가 녹지 않습니다.

② 1차 발효의 총 발효시간이 90분이기 때문에 발효 중간에 펀치하여야 반죽 내에 산소를 공급해주고 반죽의 고른 발효 상태를 유지할 수 있습니다.

틴브레드 파트장의 **Tip**

○ 발효 및 굽기

11 | 윗면 자르기

12 | 팬닝하기

13 | 2차 발효

14 | 계란물 바르기

15 | 굽기 후 나빠주 바르기

16 | 깨 뿌리기

5/ 윗면을 자른 후 가운데를 벌려 충전물이 보이도록 팬닝

6/ **2차 발효 :** 38℃, 85%, 60분 후 계란물 바르기

7/ **굽기 :** 170/165℃ 30분 후 나빠주 바르고 깨 뿌리기

① 윗면을 자르면 충전물인 아몬드크림이 골고루 익을 수 있도록 해주며 굽는 과정에서 고구마가 바깥
  으로 노출되어 더욱 먹음직스러운 빵을 만들 수 있습니다.

② 계란물 제조 : 계란 10개와 천일염 2g을 혼합 후 체에 걸러 알끈을 제거하고 냉장보관하며 필요시에
  사용합니다.

틴브레드 파트장의 **Tip**

앙토낭카렘은 빵을 만드는 셰프가 지속적으로 매장에 나와 빵의 진열을 돕거나
소비자의 질문에 응대하여 제품에 대한 신뢰도를 높이고,
소비자의 반응을 파악하여 제품의 개선과 개발에 노력하고 있습니다.

팬브레드
Pan bread

팬에 낱개로 구워내어 손쉽게 먹을 수 있는 형태의
다양한 빵 품목들을 소개합니다.
요리와 함께 접목된 빵을 선호하는 한국 사람들의
입맛에 맞추어 조리된 빵들과 여러 가지 치즈와 잘
어울리는 빵의 레시피를 제공합니다.

허지영 셰프
팬브레드 파트장

01 고르곤졸라 베이글

분할중량 120g   생산수량 35개

타피오카 전분인 대두 파인소프트-T를 넣어 찰진 식감과 담백한 맛을 주고 빵에 촉촉함과 풍미의 깊이를 주기 위해 꿀을 넣어 주었습니다. 까망베르 다이스 치즈와 크랜베리를 넣어 베이글의 특징을 살려주었습니다. 본 반죽에 사워종을 넣어 베이글에 볼륨을 주고 발효시간을 단축시켰습니다. 고르곤졸라 피자를 베이글 형태로 재해석한 제품으로 꿀시럽을 완제품에 발라 더욱 간편하고 맛있게 먹을 수 있도록 했습니다.

○─ 재료

☐ 강력분 1,900g   ☐ 파인소프트-T 100g
☐ 천일염 36g   ☐ 생이스트 60g
☐ 사워종 200g   ☐ 물 1,200g
☐ 크랜베리 400g   ☐ 꿀 120g
☐ 까망베르 다이스 치즈 200g

＊사워종 제조방법은 14page 참조

○─ 충전물

☐ 고르곤졸라 200g   ☐ 크림치즈 1,000g

○─ 꿀시럽

☐ 버터 1,000g   ☐ 꿀 500g
☐ 설탕 100g

＊버터, 꿀, 설탕을 함께 중탕으로 용해시킨다. 설탕
  은 꿀과 버터에 함유된 수분에 의해 녹는다.

○─ 고르곤졸라 베이글 작업흐름도

| **1** | 충전물 제조 |

| **2** | 반죽 |
앞선 반죽(사워종)
⬇
본 반죽 제조(반죽온도 27℃)

| **3** | 1차 발효 |
27℃, 75%, 50분(꿀 시럽 제조)

| **4** | 성형 공정 |
베이글 모양(충전물 짜서 말기)

| **5** | 2차 발효 |
38℃, 85%, 40분(충전물 윗면 짜기)

| **6** | 굽기 |
230/160℃ 스팀 15~17분

충전물 제조

1 | 고르곤졸라 치즈

2 | 크림치즈 넣기

3 | 비터로 혼합

4 | 냉장보관

1/ 충전물 만들기

① 고르곤졸라 치즈를 믹싱볼에 넣고 비터로 포마드상태를 만든다.

② 크림치즈를 넣고 균일하게 혼합하면서 포마드상태를 만든다.

③ 완성된 고르곤졸라 크림을 통에 담아 냉장고에 보관한다.

이탈리아를 대표하는 블루 치즈인 고르곤졸라 치즈는 빵, 피자 등의 재료로 다양하게 사용되고 있습니다. 그 중에서도 특유의 단맛과 크림처럼 부드러운 질감이 특징인 돌체(dolce) 치즈를 사용하였습니다. 고르곤졸라 치즈는 톡 쏘는 맛이 강하여 크림치즈와 함께 크림화를 시켜 부드럽고 고소하면서도 고르곤졸라 치즈 특유의 맛을 살릴 수 있도록 하였습니다.

팬브레드 파트장의 **Tip**

반죽 및 발효

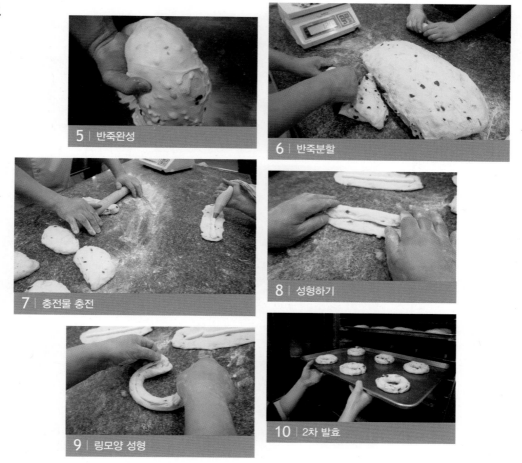

5 | 반죽완성

6 | 반죽분할

7 | 충전물 충전

8 | 성형하기

9 | 링모양 성형

10 | 2차 발효

2/ **반죽 :** 반죽온도 27℃, 최종 단계

① 강력분, 파인소프트-T, 천일염을 믹싱볼에 넣는다.

② 사워종, 생이스트, 물, 꿀을 넣고 믹싱한다.

③ 최종 단계에서 크랜베리와 까망베르 다이스 치즈를 넣고 균일하게 혼합 후 반죽을 완성한다.

3/ **1차 발효 :** 27℃, 75%, 60분

4/ **꿀시럽 제조 :** 꿀, 버터, 설탕을 중탕으로 함께 녹여서 사용한다.

5/ 반죽 분할 120g, 둥글리기, 중간발효 15분, 링모양으로 성형 후 팬닝

6/ **2차 발효 :** 38℃, 85%, 40분

기존 베이글 형태로 성형하기 전 반죽 내부에 고르곤졸라 크림을 충전하여 더욱 풍부하고 진한 치즈의 풍미를 느낄 수 있도록 하였습니다. 베이글을 구매한 후 별도로 크림을 발라먹어야 하는 수고로움을 덜기 위해 크림을 내부에 충전하는 방식은 한국 소비자들에게 큰 호응을 얻을 수 있는 성형 방식입니다.

팬브레드 파트장의 **Tip**

○─ 토핑 및 굽기

11 계란물 바르기	**12** 토핑짜기
13 모짜렐라 치즈 얹기	**14** 굽기
15 꿀시럽 바르기	**16** 완성

7/ 계란물을 바르고 고르곤졸라 크림을 짤주머니로 짜준 후 모짜렐라 치즈 얹기

8/ 굽기 : 230/160℃ 스팀 15분

9/ 고르곤졸라 베이글을 구운 후 꿀시럽 바르기

① 위에 짜주는 크림이 흘러내리지 않게 하기 위하여 이음매가 위쪽을 향하도록 팬닝해주었습니다.

② 고소하고 톡쏘는 짠맛이 특징인 고르곤졸라 치즈는 꿀의 깊은 단맛과 잘 어울리기 때문에 구운 후 꿀시럽을 발라주어 풍미를 극대화시켰습니다.

팬브레드 파트장의 **Tip**

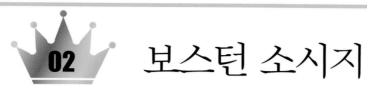

보스턴 소시지

분할중량 60g　　**생산수량** 98개

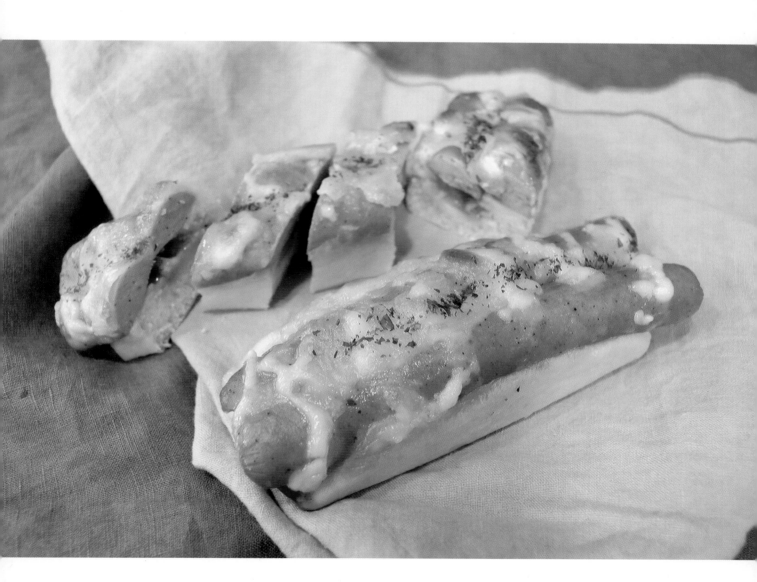

강력분의 일부를 박력분으로 대신하고 밀가루 기준 설탕, 버터, 달걀은 10% 전/후로 넣어 부드러운 질감을 표현하였습니다. 'ㄷ'자 모양의 틀을 이용하여 한입에 먹을 수 있는 형태를 만들어 주었습니다. 기존의 틀에 박힌 조리 빵을 변형하여 만든 한끼 식사를 대용할 수 있는 새로운 형태의 조리 빵입니다.

재료

□ 강력분 2,400g   □ 박력분 600g
□ 설탕 360g   □ 천일염 54g
□ 탈지분유 90g   □ 생이스트 90g
□ 버터 300g   □ 계란 300g
□ 물 1,400g   □ 사워종 300g
＊사워종 제조방법은 14page 참조

충전물

□ 양배추 2,940g   □ 케찹 490g
□ 오코노미야끼소스 490g   □ 마요네즈 800g
□ 피자치즈 980g   □ 소시지 98개

보스턴 소시지 작업흐름도

1 | 반죽
앞선 반죽(사워종)
↓
본 반죽 제조(반죽온도 27℃)

2 | 1차 발효
27℃, 75%, 60분

3 | 분할
냉장보관하며 필요시 사용

4 | 성형 공정
타원형(충전물 충전)

5 | 2차 발효
38℃, 85%, 40분

6 | 굽기
220/170℃ 10～13분

○─ 반죽하기

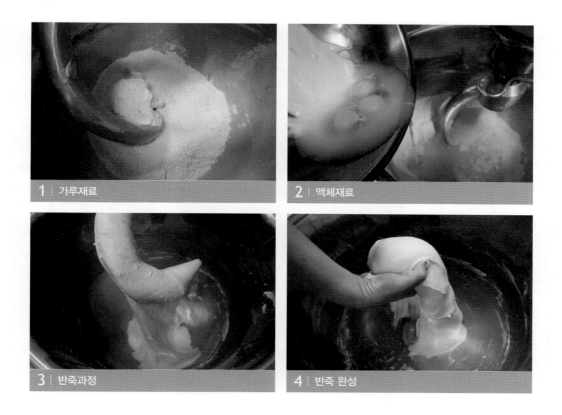

1 | 가루재료
2 | 액체재료
3 | 반죽과정
4 | 반죽 완성

1/ 반죽 : 반죽온도 27℃, 최종 단계

① 강력분, 박력분, 설탕, 천일염, 탈지분유를 믹싱볼에 넣는다.

② 생이스트, 계란, 물, 사워종을 넣고 믹싱한다.

③ 클린업 단계에서 버터를 넣고 반죽을 완성한다.

① 강력분의 일부를 박력분으로 대신하면 단백질 함량이 줄어들어 빵의 부피는 작아지지만 식은 후에도 질감이 부드럽습니다.

② 설탕, 버터, 달걀을 밀가루 대비 10% 전후로 넣어 부드럽고 촉촉한 질감을 표현한 빵입니다.

팬브레드 파트장의 **Tip**

반죽 및 발효

5 | 분할하기

6 | 둥글리기

7 | 중간발효

8 | 밀어펴기

9 | 소스 짜기

10 | 마요네즈 짜기

2/   **1차 발효 :** 27℃, 75%, 60분

3/   반죽 분할 60g, 둥글리기, 중간발효 15분 후 밀대로 밀어 펴기

4/   **충전물 충전 :** 밀어 편 반죽 위에 채 썬 양배추 올리기 → 케찹, 오코노미야끼소스, 마요네즈 한줄씩 짜기

팬브레드 파트장의 **Tip**

양배추를 베이스로 케찹, 마요네즈 소스와 함께 오코노미야끼소스도 넣어주어 일반 양파를 베이스로한 소시지 빵과 차별되며 그릴에 구운듯한 고소한 풍미를 더해줍니다.

◦─ 굽기 및 완성

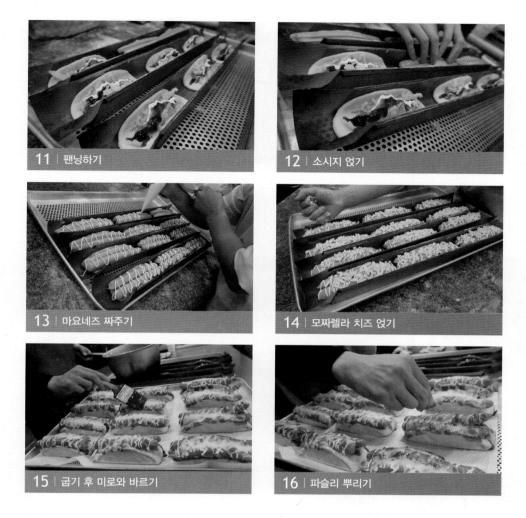

11	팬닝하기	12	소시지 얹기
13	마요네즈 짜주기	14	모짜렐라 치즈 얹기
15	굽기 후 미로와 바르기	16	파슬리 뿌리기

5/ 'ㄷ'자형 틀에 팬닝 후 소시지 반 갈라 뒤집어서 올려주고 마요네즈 지그재그로 짜주기

6/ 모짜렐라 치즈 골고루 얹기

7/ 2차 발효 : 38℃, 85%, 40분

8/ 굽기 : 220/170℃ 10분

9/ 굽기 후 미로와 발라주고 파슬리 뿌려 완성

팬브레드 파트장의 **Tip**

① 실리콘페이퍼에 반죽을 놓으면 성형 후 이동과 굽기 후 떼어내기 편리한 장점이 있습니다.

② 'ㄷ'자형 틀에 넣어 굽기 때문에 충전물이 흐트러지지 않아 소비자들이 한입에 먹기 쉬운 형태의 빵을 만들 수 있습니다.

03 어니언 베이글

분할중량 200g   생산수량 30개

본 반죽에 버터, 연유, 우유를 넣고 충전물로 생크림, 크림치즈와 베이컨을 넣어 고소한 맛을 극대화시키면서 다진 양파와 채썬 양파로 충전물에 함유된 지방의 느끼함을 잡아 주었습니다. 사워종과 몰트를 첨가하여 제빵개량제를 대신해 짧은 발효시간에도 부피감 있는 빵을 제조할 수 있습니다. 곁들어 먹어야 하는 베이글의 번거로움을 해결하기 위해 갖가지 재료의 충전물을 넣고 성형하여 간편하게 식사대용으로 먹을 수 있는 베이글입니다.

○- 재료

□ 강력분 3,000g	□ 설탕 330g
□ 천일염 60g	□ 몰트 30g
□ 생이스트 90g	□ 버터 480g
□ 계란 12개	□ 연유 150g
□ 우유 480g	□ 물 480g
□ 사워종 300g	

＊사워종 제조방법은 14page 참조

○- 충전물

□ 크림치즈 3,900g	□ 설탕 450g
□ 겨자 90g	□ 생크림 750g
□ 다진 양파 900g	□ 구운 베이컨 60개

○- 어니언 베이글 작업흐름도

1 | 충전물 제조

2 | 반죽
앞선 반죽(사워종)
↓
본 반죽 제조(반죽온도 27℃)

3 | 1차 발효
27℃, 75%, 60분

4 | 성형 공정
링형(충전물 충전)

5 | 2차 발효
38℃, 85%, 40분

6 | 굽기
150/160℃ 25분

○─ 충전물 제조

| 1 | 크림치즈 크림화 | 2 | 겨자 혼합 |
| 3 | 생크림 혼합 | 4 | 다진 양파 투입 |

1/ 충전물 만들기

① 크림치즈를 믹싱볼에 넣고 유연하게 만든 후 설탕과 겨자를 넣고 크림화시킨다.

② 생크림을 넣고 균일하게 혼합한 후 다진 양파를 넣고 가볍게 섞어준다.

③ 완성된 충전물을 통에 담아 냉장고에 보관한다.

팬브레드 파트장의 **Tip**

① 크림치즈와 생크림의 다소 부담스러울 수 있는 유지방의 맛을 양파의 알싸한 맛과 겨자의 강렬하고 매콤한 맛으로 완화시켰습니다. 양파는 다진 형태로 넣어 충전물과 함께 베이글에 들어가기 때문에 양파의 맛에 거부감이 있는 소비자들도 편안하게 즐길 수 있도록 하였습니다.

② 기존에 잼이나 크림치즈를 발라먹는 방식의 일반 베이글과는 달리 충전물을 제조하여 베이글 안에 넣어주어 소비자들이 더욱 간편하게 조리된 상태의 베이글의 맛을 즐길 수 있도록 해주는 레시피입니다.

◌─ 반죽 및 발효

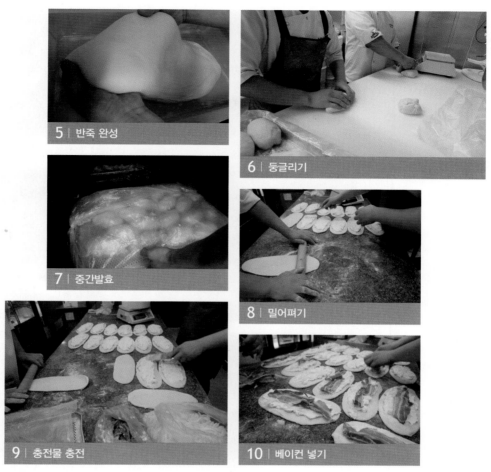

5 | 반죽 완성

6 | 둥글리기

7 | 중간발효

8 | 밀어펴기

9 | 충전물 충전

10 | 베이컨 넣기

2/ **반죽 :** 반죽온도 27℃, 최종 단계

　① 강력분, 설탕, 천일염을 믹싱볼에 넣는다.

　② 몰트, 생이스트, 계란, 연유, 우유, 물, 사워종을 넣고 믹싱한다.

　③ 클린업 단계에서 버터를 넣고 반죽을 완성한다.

3/ **1차 발효 :** 27℃, 75%, 60분

4/ **반죽 분할 200g, 둥글리기, 중간발효 15분 후 밀대로 밀어펴기**

5/ **충전물 충전 :** 밀어 편 반죽 위에 충전물을 헤라로 바르고 베이컨과 양파를 올린다.

① 단백질 함량이 많은 강력분을 사용하여 쫄깃함을 표현하는 전통적인 베이글은 다소 식감이 질기기
때문에 계란과 유제품 비율을 높여 부드럽고 촉촉한 식감의 베이글 반죽을 제조하였습니다.

② 크림치즈와 생크림이 들어간 충전물을 베이글 내부에 넣어주어 부드러운 식감과 진하고 고소한 맛
을 느낄 수 있으며 다진 양파는 아삭한 식감과 알싸하고 강렬한 맛을 동시에 느낄 수 있어 두 재료의
맛과 식감이 조화로운 베이글입니다.

팬브레드 파트장의 **Tip**

o- 성형 및 굽기

11 이음매 봉하기	12 연결하기
13 계란물 칠하기	14 파마산가루 묻히기
15 자르기	16 굽기 완성

6/ 충전물을 감싸며 말아준 후 이음매를 봉하고 반죽의 양 끝 이어 붙이기

7/ 계란물을 베이글 위에 칠해주고 파마산 가루를 묻힌 후 평철판에 놓고 가위질하기

8/ 2차 발효 : 38℃, 85%, 40분

9/ 굽기 : 150/160℃ 25분

팬브레드 파트장의 **Tip**

① 반죽개선제를 대신해 이스트를 밀가루 대비 3%를 넣어 빵의 팽창력을 강화하여 생목이 올라오고 섭취 후 더부룩함을 줄 수 있는 부분을 완화하였습니다.

② 1차 발효시간과 2차 발효시간을 단축할 수 있도록 사워종을 첨가하여 생화학적 숙성 방식을 유도하였습니다.

③ 반죽에 착색을 유도하는 부재료가 많이 들어가기 때문에 굽기 온도는 전통적인 베이글의 굽기 온도보다 낮게 설정하였습니다.

04 팡드

분할중량 100g   생산수량 42개

조미된 케찹과 토마토 페이스트를 섞은 소스를 베이스로 다양한 야채와 소시지, 햄을 넣어 친숙한 맛을 표현하였으며, 본 반죽에 스펀지와 몰트를 넣어 반죽의 신장성을 높이고 사워종을 넣어 밀가루의 소화 흡수를 도와주도록 하였습니다. 피자의 맛에 익숙한 소비자들에게 색다른 형태로 제안할 수 있는 빵입니다.

○─ 재료

□ 강력분 4,000g	□ 설탕 480g
□ 천일염 60g	□ 탈지분유 80g
□ 몰트 40g	□ 드라이이스트 골드 60g
□ 검은깨 160g	□ 스펀지 400g
□ 버터 480g	□ 계란 12개
□ 물 1,600g	□ 사워종 400g

＊스펀지 제조방법은 15page 참조
＊사워종 제조방법은 14page 참조

○─ 충전물

□ 양파 13개	□ 피망 2개
□ 당근 1개	□ 슬라이스 햄 0.5개
□ 소시지 6개	□ 버터 180g
□ 설탕 78g	□ 전분 15g
□ 물 300g	□ 케찹 1,500g

□ 토마토 페이스트 780g
□ 모짜렐라 치즈 개당 30~35g

○─ 팡드 작업흐름도

1 | 충전물 제조

2 | 반죽
앞선 반죽(사워종, 스펀지)
↓
본 반죽 제조(반죽온도 27℃)

3 | 1차 발효
27℃, 75%, 50분

4 | 냉장휴지
24시간

5 | 성형 공정
원반형(충전물 충전)

6 | 2차 발효
38℃, 85%, 30분

7 | 굽기
165/170℃ 25분

○─ 충전물 제조

1 | 소스 녹이기

2 | 다진 야채 넣기

3 | 볶아주기

4 | 완성 후 식히기

1/ 충전물 만들기

① 스텐볼에 물, 전분, 토마토 페이스트, 케찹, 설탕, 버터를 넣고 녹여준다.

② 다진 야채(양파, 피망, 당근, 햄, 소시지)를 넣고 80%정도만 익도록 볶아준다.

③ 완성된 충전물은 식힌 후 통에 담아 냉장고에 보관한다.

① 밀가루 반죽 사이에 여러 가지 재료와 치즈를 넣고 반달 모양으로 만들어 오븐에서 구운 이탈리아의 전통요리 '깔조네'를 한국식으로 재해석한 팡드는 충전물에 들어가는 야채의 종류와 소스를 한국 소비자들의 입맛을 고려하여 선택하였습니다. 빵의 특성상 굽기 온도를 낮게 설정해야 하므로 충전물을 미리 볶아 준비해두었습니다.

팬브레드 파트장의 Tip

② 굽기 과정에서 야채가 익기 때문에 야채를 80%정도만 익도록 볶은 후 식혀 냉장보관하고 필요할 때마다 사용하도록 합니다.

○─ 반죽 및 발효

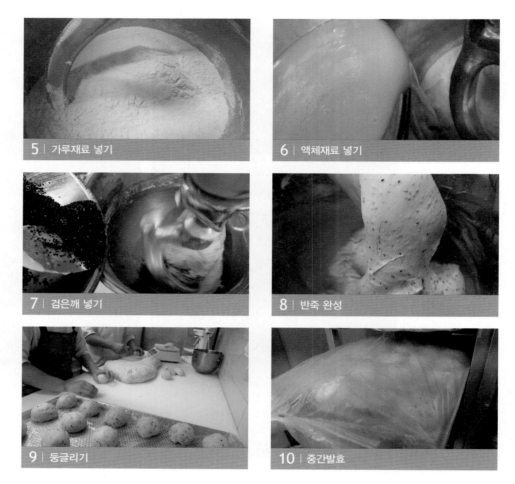

5	가루재료 넣기	6	액체재료 넣기
7	검은깨 넣기	8	반죽 완성
9	둥글리기	10	중간발효

2/ **반죽 :** 반죽온도 27℃, 최종 단계

① 강력분, 설탕, 천일염, 탈지분유를 믹싱볼에 넣는다.

② 몰트, 드라이이스트 골드, 스펀지, 계란, 물, 사워종을 넣고 믹싱한다.

③ 클린업 단계에서 버터를 넣고 반죽을 완성한 후 검은깨를 넣고 균일하게 섞어준다.

3/ **1차 발효 :** 27℃, 75%, 60분

4/ **냉장휴지 24시간**

5/ **반죽 분할 100g, 둥글리기, 중간발효 15분**

① 앞선 반죽으로 스펀지를 사용하여 빵의 부피를 크게 하고 반죽개선제를 대신해 사워종을 사용하여 빵 반죽의 숙성 시간을 단축하였습니다.

② 빵에 설탕이 많이 들어가면 가스 발생력이 저하되어 부피에 영향을 미치기 때문에 설탕 분해 능력이 뛰어나고 발효가 더 잘되며 풍미를 좋게 하는 드라이이스트 골드를 넣었습니다.

③ 이탈리아 빵의 저온 장시간 숙성 방식을 대체하여 두 종류의 앞선 반죽과 드라이이스트 골드, 몰트를 첨가하여 발효/숙성 시간을 단축시켰습니다.

팬브레드 파트장의 **Tip**

○ 성형 및 굽기

11 | 충전물 충전

12 | 반죽 덮기

13 | 2차 발효

14 | 계란물 칠하기

15 | 굽기

16 | 굽기 완성

6/ 충전물을 밀어 편 반죽 위에 올려주고 모짜렐라 치즈 올리기

7/ 반죽 가장자리에 물을 뿌려주고 윗 반죽 덮기

8/ **2차 발효 :** 38℃, 85%, 30분

9/ 2차 발효 후 반죽 위에 계란물 칠을 하고 파마산가루와 파슬리 뿌리기

10/ **굽기 :** 165/170℃ 25분

팬브레드 파트장의 Tip

① 팡드는 반죽으로 충전물을 덮어주는 형태이기 때문에 구울 때 반죽에 신전성(사방으로 늘어나는 성질)을 좋게 하기 위하여 몰트를 사용합니다.

② 반죽에 착색을 유도하는 부재료가 많이 들어가기 때문에 굽기 온도는 전통적인 깔조네 굽기 온도보다 낮게 설정하였습니다.

③ 파마산 가루 : 그라나 파다노 그라투자토와 국산 파마산을 섞어 사용하면 차별화 된 맛을 표현할 수 있습니다.

05 크레이존

분할중량 반죽 40g, 충전물 60g **생산수량** 32개

옥수수콘과 마요네즈를 버무린 충전물을 넣은 크레이죤은 다진 양파를 함께 넣어 느끼한 맛을 잡아 주었습니다. 강력분의 일부를 박력분으로 대신하고 몰트와 사워종을 넣어 반죽에 유연함을 주고 부드러운 식감이 느껴지도록 하였습니다. 은박 접시 한 개당 충전물을 감싼 반죽을 5개씩 놓고 구워 내어 소비자들에게 나눠먹을 수 있는 즐거움을 주는 빵입니다.

◦ 재료

☐ 강력분 2,700g   ☐ 박력분 300g
☐ 설탕 360g   ☐ 천일염 45g
☐ 몰트 30g   ☐ 탈지분유 60g
☐ 생이스트 90g   ☐ 버터 360g
☐ 계란 15개   ☐ 연유 300g
☐ 우유 570g   ☐ 물 570g
☐ 사워종 300g

＊ 사워종 제조방법은 14page 참조

◦ 충전물

☐ 다진 양파 2,400g   ☐ 옥수수콘 2,400g
☐ 마요네즈 2,400g

◦ 토핑물

☐ 버터 2,835g   ☐ 설탕 945g
☐ 식용유 473g   ☐ 전란 27개
☐ 연유 473g   ☐ 물 236g
☐ 옥수수 분말 945g

◦ 크레이죤 작업흐름도

1 | 반죽

앞선 반죽(사워종)

본 반죽 제조(27℃)

2 | 1차 발효

27℃, 75%, 60분(충전물 제조)

3 | 성형 공정

원형(충전물 충전)

4 | 2차 발효

30℃, 80%, 15분

5 | 굽기

160/160℃ 30~35분

○─ 반죽하기

1 | 스파이럴 믹서

2 | 액체재료 넣기

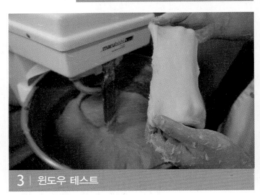

3 | 윈도우 테스트

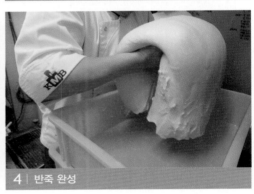

4 | 반죽 완성

1/ **반죽 :** 반죽온도 27℃, 최종 단계

① 강력분, 박력분, 설탕, 천일염, 탈지분유를 믹싱볼에 넣는다.

② 생이스트, 몰트, 계란, 연유, 우유, 물, 사워종을 넣고 믹싱한다.

③ 클린업 단계에서 버터를 넣고 반죽을 완성한다.

---

① 스파이럴 믹서는 반죽의 글루텐 형성 능력은 떨어지지만 나선형의 훅이 반죽 내에 산소를 많이 유입
시키는 역할을 하여 발효력이 좋아지는 장점이 있습니다.

② 모든 빵 반죽은 반죽의 완성 상태를 파악하기 위해 반죽의 일부를 떼어 내어 늘려 봤을때 투명한 막
이 보이는지 윈도우 테스트를 합니다.

팬브레드 파트장의 **Tip**

○─ 반죽 및 발효

| 5 | 충전물 제조 | | 6 | 분할한 반죽 |

| 7 | 충전물 충전 1 | | 8 | 충전물 충전 2 |

| 9 | 충전물 충전 3 |

| 10 | 팬닝하기 |

2/ 1차 발효 : 27℃, 75%, 60분

3/ 충전물 제조 : 다진 양파, 마요네즈, 콘옥수수를 균일하게 혼합한다.

4/ 반죽 분할 40g, 둥글리기, 중간발효 15분 후 헤라를 이용하여 충전물 60g씩 충전하기

5/ 팬닝하기 : 이음매가 아래로 향하게 하여 은박지 팬에 5개씩 팬닝한다.

마요네즈가 많이 함유되어 있는 충전물을 반죽 안에 감싸는 과정에서 이음매가 잘 붙지 않을 수 있으므로 은박지팬에 반죽을 놓을 때 이음매를 아래로 향하게 하여 팬닝해줍니다.

팬브레드 파트장의 **Tip**

○ **발효, 토핑물 제조 및 굽기**

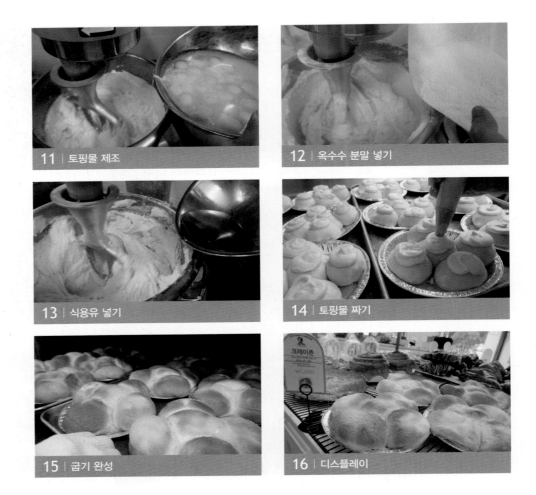

11 | 토핑물 제조

12 | 옥수수 분말 넣기

13 | 식용유 넣기

14 | 토핑물 짜기

15 | 굽기 완성

16 | 디스플레이

6/ **2차 발효 :** 30℃, 80%, 15분

7/ **토핑물 제조**

① 버터와 설탕을 믹싱볼에 넣고 크림화를 시킨다.

② 계란을 3번에 나누어 넣고 옥수수 분말을 넣어준 후 식용유와 물을 넣고 반죽을 완성한다.

8/ **굽기 :** 160/165℃ 35~40분

① 충전물에 마요네즈가 많이 들어가기 때문에 형태의 안정성을 위하여 저온/저습으로 2차 발효를 시킵니다.

② 토핑물 제조 시 거품이 많이 올라오면 식감이 푸석해질 수 있기 때문에 크림화를 지나치게 하지 않도록 주의합니다.

③ 토핑물의 옥수수 분말이 수분을 흡수하여 토핑이 퍽퍽해질 수 있기 때문에 식용유와 물을 넣어 촉촉하고 부드러운 식감을 유지할 수 있습니다.

팬브레드 파트장의 **Tip**

06 양파빵

| 분할중량 200g | 생산수량 38개 |

본 반죽에 바질을 첨가하고 충전물에 양파와 슬라이스 햄, 머스타드 소스를 넣어 이탈리아 조리빵의 특징을 한국식으로 재해석했습니다. 반죽에 몰트와 식용유를 넣어 글루텐의 신장성을 유도하고 제빵개량제를 대신해 사워종을 넣어 발효시간을 단축하였습니다. 자극적인 소스의 맛을 선호하지 않는 소비자들에게 담백하고 새콤한 맛을 제안할 수 있는 빵입니다.

○- 재료

□ 강력분 4,000g □ 설탕 360g
□ 천일염 80g □ 베이킹파우더 40g
□ 몰트 40g □ 바질 20g
□ 생이스트 120g □ 식용유 120g
□ 물 2,600g □ 사워종 400g

＊사워종 제조방법은 14page 참조

○- 충전물

□ 양파 개당 80g □ 슬라이스 햄 개당 60g

○- 양파빵 작업흐름도

1 | 반죽
앞선 반죽(사워종)
↓
본 반죽 제조(반죽온도 : 27℃)

2 | 1차 발효
27℃, 75%, 60분

3 | 성형 공정
타원형(충전물 충전)

4 | 2차 발효
38℃, 85%, 20분

5 | 굽기
170/190℃ 30분

◦ 반죽하기

1 | 바질

2 | 가루재료 넣기

3 | 액체재료 넣기

4 | 반죽 완성

1/ **반죽 :** 반죽온도 27℃, 최종 단계

① 강력분, 설탕, 천일염, 베이킹파우더, 바질을 믹싱볼에 넣는다.

② 몰트, 생이스트, 물, 사워종을 넣고 믹싱한다.

③ 클린업 단계에서 식용유를 넣고 반죽을 완성한다.

① 이탈리아의 맛을 대표하는 향신료인 바질을 반죽에 넣어 양파의 알싸하고 강한 향이 바질의 향과 어
우러져 다채로운 풍미를 내는 빵입니다.

② 짧은 제조시간 안에 빵의 부피감을 좋게 하기 위하여 반죽의 신전성(사방으로 늘어나는 성질)을 향
상시킬 수 있는 베이킹파우더, 식용유, 몰트를 넣어주었습니다.

팬브레드 파트장의 **Tip**

○ 반죽 및 발효

5 | 분할 및 둥글리기

6 | 중간발효

7 | 충전물 준비

8 | 밀어펴기

9 | 충전물 충전 1

10 | 충전물 충전 2

2/ **1차 발효 :** 27℃, 75%, 60분

3/ **충전물 준비 :** 얇게 썬 양파, 슬라이스 햄, 마요네즈, 머스타드 소스를 준비한다.

4/ 반죽 분할 200g, 둥글리기, 중간발효 15분

5/ 반죽을 밀어 펴서 양파를 놓고 소스를 뿌린 후 슬라이스 햄 올리기

양파빵의 반죽에는 설탕 이외에 다른 부재료를 첨가하지 않고 충전물에도 팡드, 어니언 베이글과는 다르게 소스의 양을 최소화하였기 때문에 담백한 조리빵을 선호하는 소비자들이 양파의 본연의 향과 맛을 느낄 수 있도록 하였습니다.

팬브레드 파트장의 **Tip**

◦- 발효 및 굽기

11 | 성형하기

12 | 팬닝하기

13 | 우유 칠하기

14 | 칼집 내어 양파 올리기

15 | 굽기 완성

16 | 토핑 후 완성

6/   **성형 및 팬닝 :** 충전물을 넣고 말아 이형제인 퓨라릭스를 바른 'ㄷ'자형 틀에 넣어 줍니다.

7/   반죽 위에 우유를 칠한 후 칼집을 내고 위에 얇게 썬 양파 올리기

8/   **2차 발효 :** 30℃, 80%, 20분

9/   **굽기 :** 170/190℃ 30분, 굽기 후 미로와 바르고 파마산 치즈를 뿌려 완성

① 'ㄷ'자형 틀에 넣어 굽기 때문에 충전물이 흐트러지지 않아 소비자들이 한입에 먹기 쉬운 형태의 빵을 만들 수 있습니다.

② 반죽 위에 칼집을 내면 굽기 시 부풀어 오르며 충전물이 골고루 익으면서 빵의 겉면으로 올라와 더욱 먹음직스러운 모양이 됩니다. 위에 얹은 얇게 썬 생양파도 구워지면서 강한 맛이 완화되고 단맛이 더해지며 아삭한 식감을 갖게 됩니다.

팬브레드 파트장의 Tip

먹물 치즈랑 앙금

분할중량 80g　　**생산수량** 76개

먹물을 첨가하여 블랙푸드의 특징을 살려주고 강력분의 반을 박력분으로 대체하여 질감을 부드럽게 하였습니다. 크림치즈에 분당과 생크림, 레몬즙을 넣어 시큼한 맛과 함께 단팥 소로 달콤함을 더해줘 두가지 맛을 동시에 즐길 수 있는 독특한 스타일의 빵입니다. 성형 후 우유를 바르고 에멘탈 슈레드를 뿌린 후 구워내 바삭하고 고소한 식감으로 다양한 연령층에 사랑 받을 수 있는 빵입니다.

○─ 재료

□ 강력분 2,000g   □ 박력분 1,000g
□ 설탕 100g   □ 천일염 60g
□ 몰트 40g   □ 탈지분유 180g
□ 생이스트 60g   □ 버터 40g
□ 르방뒤흐(1) 300g □ 사워종 300g
□ 계란 4개   □ 먹물 40g
□ 물 1,850g

＊사워종 제조방법은 14page 참조
＊르방뒤흐(1) 제조방법은 12page 참조

○─ 충전물

□ 크림치즈 5,440g(4개)   □ 분당 1,040g
□ 생크림 230g   □ 레몬즙 40g

○─ 먹물 치즈랑 앙금 작업흐름도

1 │ 충전물 제조

2 │ 반죽
앞선 반죽(사워종, 르방)
↓
본 반죽 제조(반죽온도 : 27℃)

3 │ 1차 발효
27℃, 75%, 60분

4 │ 성형 공정
원형(충전물 충전)

5 │ 2차 발효
38℃, 85%, 40~50분

6 │ 굽기
220/160℃ 11~12분

○ 충전물 제조

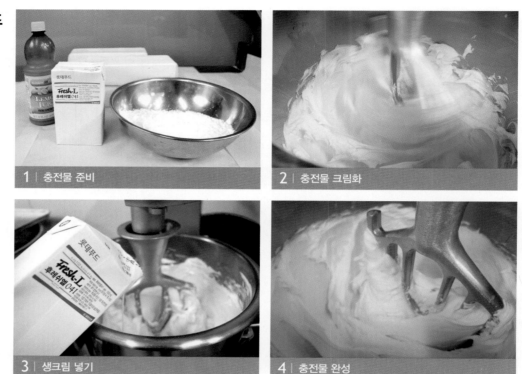

1 | 충전물 준비

2 | 충전물 크림화

3 | 생크림 넣기

4 | 충전물 완성

1/ 충전물 만들기

① 크림치즈, 분당을 믹서에 넣고 비터로 크림화한다.

② 생크림을 2~3번에 나누어 넣어 균일하게 섞고 레몬즙을 넣는다.

③ 완성된 충전물은 통에 담아 냉장고에 보관한다.

① 충전물을 크림화시킬 때 거품이 많이 올라오면 식감이 푸석해질 수
있기 때문에 비터를 사용하여 크림화를 지나치게 하지 않도록 주의
합니다. 여기서 사용된 크림은 유지방 함량 41%로 다른 제품에 비해
좀 더 진한 풍미와 깊은 맛을 느낄 수 있습니다.

② 충전물에 단맛과 점성을 주기 위해서 설탕 대신 분당을 넣고 크림치
즈와 생크림을 베이스로 레몬즙을 넣어 사워크림과 같이 상큼한 맛
의 충전물을 제조하였습니다.

팬브레드 파트장의 **Tip**

○ **반죽 및 발효**

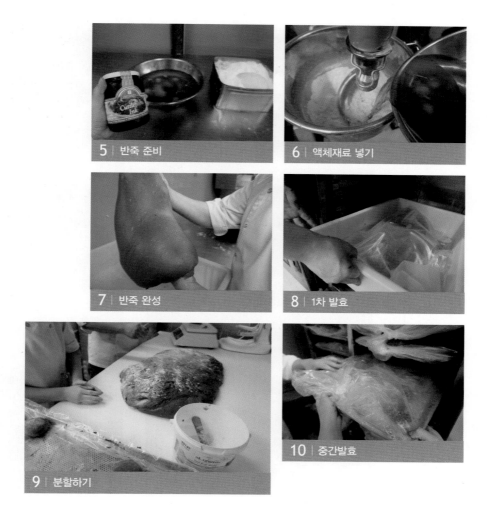

5 | 반죽 준비	6 | 액체재료 넣기
7 | 반죽 완성	8 | 1차 발효
9 | 분할하기	10 | 중간발효

2/ **반죽** : 반죽온도 27℃, 최종 단계
　① 강력분, 박력분, 설탕, 천일염, 탈지분유를 믹서에 넣는다.
　② 몰트, 생이스트, 계란, 먹물, 물, 사워종, 르방뒤흐(1)을 넣고 믹싱한다.
　③ 클린업 단계에서 버터를 넣고 반죽을 완성한다.

3/ **1차 발효** : 27℃, 75%, 60분

4/ **반죽 분할 80g, 둥글리기, 중간발효 15분**

---

① 밀가루의 1/3을 박력분으로 대체하여 빵의 볼륨감은 낮지만 반죽의 단백질 함량이 적어 식감의 부드
러움을 줄 수 있습니다.

② 오징어 먹물에 들어있는 멜라닌(melanin) 색소는 대표적인 동물성 천연색소로서 항암·항균 효과가 뛰
어나며 저지방, 저칼로리, 고단백질로 빵뿐만 아니라 파스타 반죽에도 영양학적인 활용이 가능합니다.

팬브레드 파트장의 **Tip**

○ 성형 및 굽기

11 | 충전물 충전

12 | 충전물 싸기

13 | 우유 칠하기

14 | 에멘탈 가는 슈레드

15 | 굽기

16 | 올리브유 바르기

5/ 충전물 충전 : 반죽에 혼합한 크림치즈 40g, 팥앙금 40g을 넣어 싸준다.

6/ 위에 우유를 바르고 '에멘탈 가는 슈레드'를 윗면에 전체적으로 묻히기

7/ 2차 발효 : 38℃, 85%, 40~50분

8/ 굽기 : 220/160℃ 11~12분

---

① 반죽에 착색을 유도하는 부재료가 적게 들어가고 먹물의 색감으로 인해 빵의 굽기 정도를 파악하기
  가 어려워 우유를 바르고 에멘탈 치즈 슈레드를 묻히면 굽기 시 색을 내고 더욱 먹음직스러운 빵을
  만들 수 있습니다.

② 빵의 보습제 역할을 하는 부재료들이 적게 들어가기 때문에 굽기 후 식기 전에 올리브유를 발라주면
  수분의 증발을 막아 빵의 식감을 더욱 부드럽게 만들어 줍니다.

팬브레드 파트장의 **Tip**

08 갈릭 치즈 난

분할중량 120g   생산수량 42개

반죽에 파슬리로 먹기 좋은 색감을 표현하고 치즈의 깊은 맛을 더해주기 위해 체다 다이스 치즈와 몬테레이젝 다이스 치즈 두 가지를 혼합하였습니다. 버터의 일부분을 올리브 오일로 대체하여 반죽에 신장성을 주었습니다. 인도의 전통적인 갈릭 난의 매운 토핑 소스를 마요네즈와 생크림으로 부드럽고 순하게 변형하여 소비자들의 입맛을 사로잡는 빵입니다.

○─ 재료

□ 강력분 2,000g   □ 천일염 40g
□ 파슬리 8g   □ 생이스트 20g
□ 버터 120g   □ 르방뒤흐(2) 400g
□ 물 1,400g   □ 올리브오일 120g
□ 사워종 200g   □ 체다 다이스 치즈 400g
□ 몬테레이젝 다이스 치즈 400g

*사워종 제조방법은 14page 참조
*르방뒤흐(2) 제조방법은 13page 참조

○─ 토핑물

□ 마요네즈 1,000g   □ 설탕 500g
□ 계란 4개   □ 생크림 250g
□ 럼주 30g   □ 다진 마늘 160g

○─ 갈릭 치즈 난 작업흐름도

1 | 토핑물 제조

2 | 반죽
앞선 반죽(사워종, 르방)
↓
본 반죽 제조(반죽온도 : 27℃)

3 | 1차 발효
27℃, 75%, 60분

4 | 성형 공정
난 모양

5 | 2차 발효
38℃, 85%, 50분(토핑 바르기)

6 | 굽기
230/150℃ 10분

**◦─ 토핑물 제조
및 반죽하기**

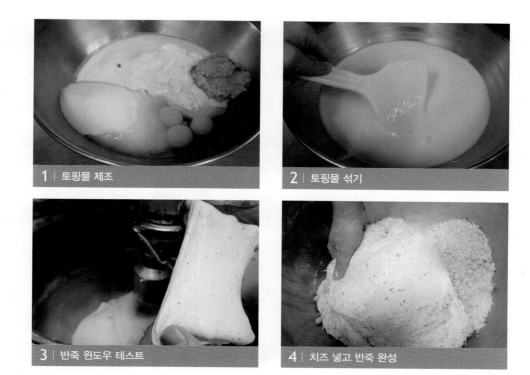

1 | 토핑물 제조	**2** | 토핑물 섞기
3 | 반죽 윈도우 테스트	**4** | 치즈 넣고 반죽 완성

1/ 토핑물 만들기

① 마요네즈, 설탕, 계란, 생크림, 다진마늘, 럼주를 볼에 넣고 섞어준다.

② 완성된 토핑물은 통에 담아 냉장고에 보관한다.

2/ 반죽 : 반죽온도 27℃, 최종 단계

① 강력분, 천일염, 파슬리를 믹싱볼에 넣어준다.

② 르방뒤흐(2), 사워종, 생이스트, 물, 올리브오일을 넣고 섞어준다.

③ 클린업 단계에서 버터를 넣고 섞어준다.

④ 체다와 몬테레이젝 다이스 치즈를 넣고 손으로 섞어 반죽을 완성한다.

① 인도의 전통적인 빵인 난은 발효시킨 밀가루 반죽을 오븐에 구워내고 그 위에 카레나 부재료들을 첨
가하여 만드는 방식입니다. 한국 소비자들의 입맛에 맞추어 토핑물에 마늘의 강한 향을 중화시킬 수
있는 마요네즈와 생크림을 첨가하여 고소하면서도 담백한 맛을 표현하였습니다.

팬브레드 파트장의 **Tip**

② 버터의 일부를 플랫브레드의 특징인 반죽의 신전성(늘어나는 성질)을 나타내기 위해서 올리브오일로
대신하였습니다.

○─ **반죽 및 발효**

5 | 1차 발효

6 | 분할하기

7 | 성형하기

8 | 중간발효

9 | 팬닝하기

10 | 2차 발효

3/ **1차 발효** : 27℃, 75%, 60분

4/ 반죽 분할 120g, 밀어 늘리기, 중간발효 15분

5/ **2차 발효** : 38℃, 85%, 50분

① 장시간 발효를 해야 하는 난의 반죽 제조 방식을 대체하여 두 종류의 앞선 반죽과 생이스트를 첨가
하여 발효/숙성 시간을 단축시켰습니다.

② 밀어 늘린 반죽을 중간발효시켜 늘리기 좋은 상태로 이완시켜 주고 팬에서 바로 넓게 펴주어 난의
형태를 만들어 줍니다.

③ 중간발효에서 분할한 반죽을 냉장고에 보관하면서 필요할 때마다 꺼내 사용하면 소비자의 요구에
맞춰 다른 모양으로 만들 수 있습니다.

팬브레드 파트장의 **Tip**

○- 토핑 및 굽기

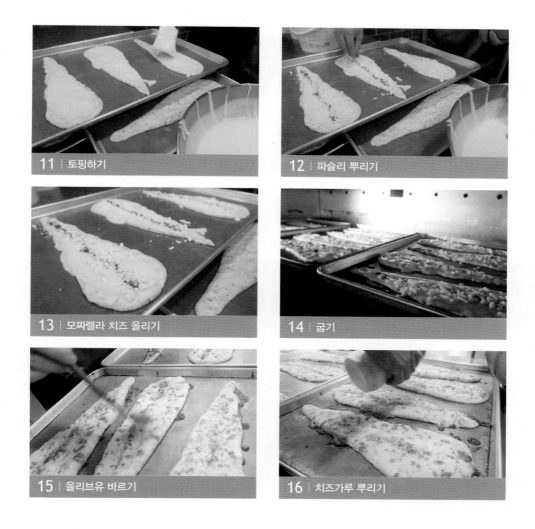

11 토핑하기

12 파슬리 뿌리기

13 모짜렐라 치즈 올리기

14 굽기

15 올리브유 바르기

16 치즈가루 뿌리기

6/ **토핑물 바른 후 모짜렐라 치즈를 올리고 파슬리 뿌리기**

7/ **굽기 :** 230/150℃ 10분, 굽기 후 올리브유를 바르고 치즈가루를 뿌려 완성

① 마늘 소스를 위에 발라준 후 구워 마늘의 알싸하고 강한 맛을 고소하게 해줍니다. 파슬리와 모짜렐라
　치즈를 올려 구운 후 식기 전에 올리브유를 발라주어 수분의 증발을 막아 갈릭난의 식감을 더욱 부드
　럽게 만들어 주고 치즈가루를 뿌려 주면 더욱 먹음직스러워 보이는 시각적 효과를 줄 수 있습니다.
② 굽기 시 갈릭 난의 색을 낼 수 있는 부재료의 함량이 적고 플랫브레드의 특성상 높이가 낮아 윗불의
　온도를 높게 설정하였습니다.

팬브레드 파트장의 **Tip**

09 쫀드기

분할중량 350g　**생산수량** 25개

강력 쌀가루를 사용한 쌀 빵을 베이스로 하고 쫀득한 식감을 줄 수 있는 다양한 타피오카 전분과 쑥분말을 충전물로 사용하였습니다. 마카롱을 변형시킨 토핑물을 얹어 고소하고 바삭한 식감 안에 쫀득하고 부드러운 질감이 조화로운 빵입니다. 한국 소비자들이 선호하는 찰진 식감을 잘 표현했으며 완두콩, 강낭콩, 호두 등의 고소한 견과류를 첨가한 빵입니다.

○─ 재료

- 강력 쌀가루 3,000g
- 설탕 360g
- 천일염 60g
- 탈지분유 120g
- 몰트 20g
- 생이스트 106g
- 버터 450g
- 스펀지 500g
- 물 1,800g
- 사워종 300g
- 쫀드기 떡 1,300g
- 호두분태 300g
- 완두배기 300g
- 강낭배기 300g

＊스펀지 제조방법은 15page 참조
＊사워종 제조방법은 14page 참조

○─ 쫀드기 떡

- 타피오카 T 2,040g
- 타피오카 C 180g
- 파인소프트 202 180g
- 쑥 분말 180g
- 설탕 900g
- 미지근한 물 1,200g

○─ 토핑물

- 흰자 300g
- 설탕 900g
- 아몬드가루 340g

＊모든 재료를 잘 혼합하여 사용

○─ 쫀드기 작업흐름도

1 | 반죽
앞선 반죽(사워종, 스펀지)
↓
본 반죽 제조(25℃)

2 | 1차 발효
25℃, 70%, 20분

3 | 성형 공정
타원형

4 | 토핑 제조(1단계법)

5 | 2차 발효
38℃, 85%, 50분

6 | 굽기
컨벡션 오븐 165℃ 30~35분

쫀드기 떡 제조

1 | 쫀드기 떡 밀기   2 | 쫀드기 떡 분할

3 | 쫀드기 떡 삶기   4 | 올리브유 묻혀 완성

1/   쫀드기 떡 만들기

① 전 재료(타피오카 T, 타피오카 C, 파인소프트 202, 쑥 분말, 설탕, 미지근한 물)를 믹싱볼에 넣고 한 덩어리
   가 될 때까지 믹싱한다.

② 손가락 마디 굵기로 가래떡 형태를 만들고, 1cm 간격으로 재단한다.

③ 끓는 물에 넣고 80%정도 익혀준다.

④ 바로 찬물에 넣고 식혀준 후 체에 걸러 올리브유를 바르고 냉장보관한다.

---

① 타피오카 전분을 넣어 만든 충전물로 한국 소비자들이 좋아하는 떡의 찰진 질감을 표현할 수 있습니다.

② 굽는 동안 쫀드기 떡이 익는 것을 감안하여 80%정도만 삶아 건진 후 바로 찬물에 넣어 전분의 쫀득
   한 식감을 유지할 수 있도록 해주고 올리브유를 발라 쫀드기 떡끼리 달라 붙는 것을 방지합니다.

팬브레드 파트장의 **Tip**

○ 반죽 및 발효, 토핑물 제조

5 | 충전물 넣기

6 | 반죽 완성

7 | 토핑물 제조

8 | 토핑물 섞기

9 | 토핑물 완성

10 | 토핑물 보관

2/ **반죽** : 반죽온도 25℃, 최종 단계
① 강력 쌀가루, 설탕, 천일염, 탈지분유를 믹서에 넣어준다.
② 몰트, 스펀지, 사워종, 생이스트, 물을 넣고 섞어준다.
③ 클린업 단계에서 버터를 넣고 최종 단계까지 믹싱한다.
④ 쫀드기 떡, 호두분태, 완두배기, 강낭배기를 넣고 저속으로 균일하게 섞는다.

3/ **1차 발효** : 25℃, 70%, 20분

4/ **토핑물 제조** : 흰자, 설탕, 아몬드가루를 볼에 넣고 혼합한 후 냉장보관하여 사용한다.

① 강력 쌀가루의 특성상 밀가루에 비해 단백질 함량이 적으므로 반죽온도를 낮추어 탄력을 주고 발효 시간을 짧게 하여 단백질의 분해를 최소화합니다.
② 머랭쿠키와 유사한 부드럽고 쫀득한 식감을 갖고 있어 쫀드기 빵과 조화롭게 어울리는 토핑물을 제조하였습니다.

팬브레드 파트장의 **Tip**

○ 토핑 및 굽기

11 | 분할하기
12 | 성형하기
13 | 2차 발효
14 | 토핑물 짜주기
15 | 분당 뿌리기
16 | 굽기 완성

5/ 반죽 분할 350g, 타원형, 중간발효 15분

6/ 2차 발효 : 38℃, 85%, 50분

7/ 토핑물 짜준 후 분당 뿌리기

8/ 컨벅션 오븐 165℃ 30~35분

① 토핑물을 짜준 후 뿌리는 분당은 표면의 건조를 막아주어 쫀득한 질감을 나타낼 수 있게 해주고 구운 후 시각적으로 먹음직스러워 보이는 효과를 줍니다.

② 컨벅션 오븐의 팬의 대류현상으로 굽는 방식은 껍질 형성을 해주어 바삭한 식감을 주기 때문에 마카롱 제조에 주로 사용되므로 머랭 쿠키를 토핑물로 올린 쫀드기 빵 또한 컨벅션오븐에 구움으로써 유사한 식감을 잘 표현할 수 있습니다.

팬브레드 파트장의 Tip

10 에멘탈 치즈 브레드

분할중량 130g　**생산수량** 58개

특유의 고소한 맛과 진한 풍미를 가진 에멘탈 치즈와 쫄깃한 식감을 주는 롤 치즈를 충전물로 넣었습니다. 사워종을 넣어 반죽의 질감을 부드럽게 해주고 버터와 우유를 넣어 치즈와 맛의 조화가 잘 되도록 하였습니다. 굽기 시 착색을 방지하기 위해 밀가루를 묻혀 완제품의 하얀 질감을 그대로 표현한 화이트 브레드 타입으로, 치즈와 유제품의 밀크향을 극대화시킨 빵입니다.

○- 재료

□ 강력분 4,000g   □ 설탕 200g
□ 천일염 80g   □ 몰트 40g
□ 탈지분유 120g   □ 생이스트 120g
□ 버터 200g   □ 우유 1,200g
□ 물 1,200g   □ 사워종 400g

＊사워종 제조방법은 14page 참조

○- 에멘탈 치즈 브레드 작업흐름도

1 │ 반죽
앞선 반죽(사워종)
↓
본 반죽 제조(반죽온도 : 27℃)

2 │ 1차 발효
27℃, 75%, 60분

3 │ 성형 공정
타원형(충전물 충전)

4 │ 2차 발효
38℃, 85%, 50분

5 │ 굽기
140/180℃ 13분

○ 반죽하기

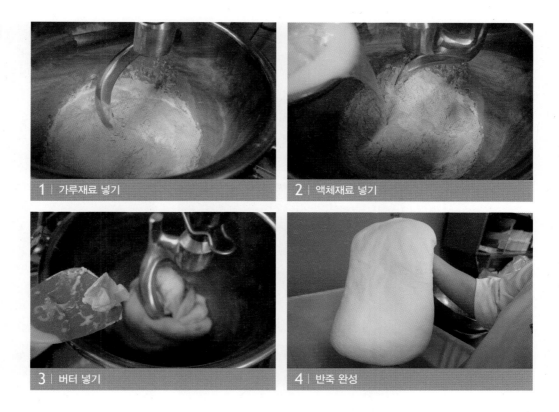

1 | 가루재료 넣기

2 | 액체재료 넣기

3 | 버터 넣기

4 | 반죽 완성

1/ **반죽 :** 반죽온도 27℃, 최종 단계

① 강력분, 탈지분유, 설탕, 천일염을 믹싱볼에 넣어준다.

② 몰트, 생이스트, 우유, 물, 사워종을 넣고 믹싱한다.

③ 클린업 단계에서 버터를 넣고 반죽을 완성한다.

---

① 에멘탈 치즈 브레드는 반죽을 길게 늘려 링모양으로 만들어주는 베이글 형태이기 때문에 구울 때 반죽에 신장성(길게 늘어나는 성질)을 좋게 하기 위하여 몰트를 사용합니다.

② 사워종은 발효 과정에서 생성되는 유기산으로 인해 밀가루의 글루텐을 연화시키고 반죽의 숙성을 촉진시키는 역할을 하지만 배합할 때 다량을 넣을 경우 빵에 신맛을 줄 수 있습니다. 밀가루 기준 10% 정도의 사워종을 첨가하면 빵에 신맛을 주지 않고 발효시간을 단축시킬 수 있습니다.

팬브레드 파트장의 **Tip**

○ **반죽 및 발효**

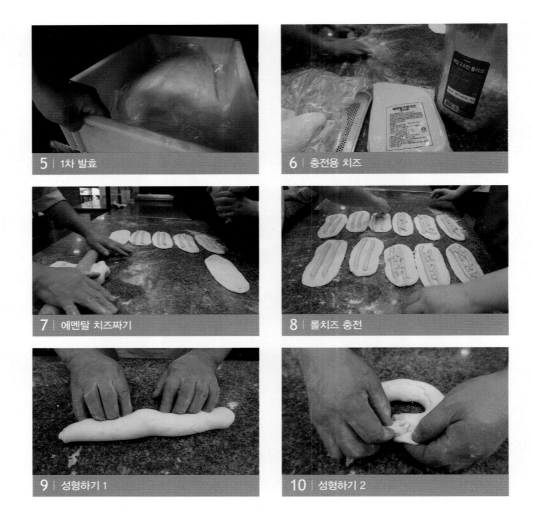

5 │ 1차 발효	6 │ 충전용 치즈
7 │ 에멘탈 치즈짜기	8 │ 롤치즈 충전
9 │ 성형하기 1	10 │ 성형하기 2

2/ 1차 발효 : 27℃, 75%, 60분

3/ 반죽 분할 120g, 둥글리기, 중간발효 15분

4/ 밀어 편 반죽에 에멘탈 크림치즈를 두 줄 짜주고, 그 사이에 롤 치즈를 적당량 놓기

5/ 성형하기 : 충전물을 감싸며 말아주고 링 형태(베이글 모양)를 만들어 준다.

건조한 질감의 경질 치즈인 에멘탈 치즈를 충전물로 사용하기 위하여 보다 부드러운 질감과 고소한 맛을 내는 에멘탈 크림치즈로 대체하였습니다. 또한 치즈의 늘어나는 식감을 표현하기 위하여 롤치즈를 같이 충전하고 베이글 형태로 만들었습니다.

팬브레드 파트장의 **Tip**

○ 발효 및 굽기

11 | 밀가루 묻히기

12 | 가위질하기

13 | 2차 발효

14 | 굽기

15 | 굽기 완성

16 | 디스플레이

6/ 밀가루를 묻힌 후 개당 6회 가위질하기

7/ 2차 발효 : 38℃, 80%, 50분

8/ 굽기 : 140/180℃ 13분

① 에멘탈 치즈 브레드는 부드러운 질감을 표현하기 위하여 굽기 시 착색과 겉면의 크러스트를 형성하지 않는 방법으로 밀가루를 묻혀서 2차 발효를 진행하고 굽는 윗 온도를 낮추었습니다.

② 반죽 위에 가위질을 해 주면 2차 발효 및 굽기 시 부풀어 오르면서 충전물인 치즈가 반죽 표면으로 드러나 흰색의 빵과 색감의 대비를 이루고 더욱 먹음직스러워 보이는 효과를 줍니다.

팬브레드 파트장의 **Tip**

하스브레드
Hearth bread

브런치 문화가 한국에 자리 잡으면서 카페에서
커피와 함께 제공되는 브런치의 샌드위치 번으로
하스브레드가 다양하게 사용되고 있습니다.
번으로 활용할 수 있는 품목 외에도 견과류, 과실류,
감자 등이 첨가되어 별도 판매가 가능한 품목의
레시피를 제공합니다.

박민수 셰프
하스브레드 파트장

감자랑 치즈 브레드

분할중량 80g　　**생산수량** 24개

하스브레드에 조리된 충전물을 채운 감자랑 치즈 브레드는 굽기 후 식은 뒤에도 완제품의 부드러움이 유지될 수 있도록 강력분의 일부를 중력분으로 대체하였습니다. 많은 양의 물과 사워종을 넣어 촉촉한 식감을 느낄 수 있습니다. 삶은 감자의 퍽퍽함과 단조로운 맛을 세 종류의 치즈와 마요네즈, 생크림으로 보완하여 건강한 한끼 식사대용의 조리 빵으로 제안할 수 있는 빵입니다.

◑─ 재료

□ 강력분 1,600g　　□ 중력분 400g
□ 천일염 38g　　　　□ 설탕 60g
□ 올리브유 80g　　　□ 사워종 300g
□ 물 1,400g　　　　　□ 드라이이스트 레드 15g
＊사워종 제조방법은 14page 참조

◑─ 충전물

□ 마요네즈 120g　　　□ 삶은 감자 다이스 800g
□ 마일드 체다치즈 90g　□ 에멘탈 슬라이스 치즈 60g

◑─ 토핑물

□ 크림치즈 500g　　　□ 설탕 125g
□ 레몬즙 30g　　　　　□ 생크림 200g

◑─ 감자랑 치즈 브레드 작업흐름도

| 1 | 충전물/토핑물 제조 |

| 2 | 반죽 |
앞선 반죽(사워종)
↓
본 반죽 제조(반죽온도 24℃)

| 3 | 1차 발효 |
24℃, 70%, 60분 펀치 후 30분

| 4 | 성형 공정 |
원형 볼 모양(충전물 80g 충전)

| 5 | 2차 발효 |
32℃, 80%, 50분

| 6 | 굽기 |
230/200℃, 스팀, 15분

○─ **충전물 및**
토핑물 제조

1	감자 준비
2	충전물 재료
3	충전물 섞기
4	토핑물 제조

1/ **충전물 만들기**

① 감자를 압력밥솥에 넣고 감자 높이의 1/3 가량 물을 부은 후 쪄준다.

② 삶은 감자 다이스, 마요네즈, 마일드 체다치즈, 에멘탈 슬라이스 치즈를 볼에 넣고 섞어준다.

2/ **토핑물 만들기**

① 크림치즈를 믹서에 유연하게 한 후 설탕, 레몬즙, 생크림을 넣고 균일하게 섞는다.

② 냉장보관 후 필요 시 사용한다.

---

① 감자는 점질 감자인 '수미'감자를 사용하면 찐득한 질감이 풍부하여 치즈와 함께 충전물을 만들었을
때 더욱 식감이 좋습니다.

② 토핑물은 충전물인 감자의 심심한 맛을 보완하고 2가지 치즈의 풍미를 더욱 끌어올릴 수 있도록 크
림치즈와 생크림을 넣었으며 사워크림과 유사한 맛을 내기 위해 레몬즙을 첨가하였습니다.

하스브레드 파트장의 **Tip**

○ 반죽 및 발효

5 | 이스트(레드)   6 | 액체재료 넣기   7 | 올리브유 넣기

8 | 반죽 완성   9 | 1차 발효   10 | 분할하기

3/   **반죽** : 반죽온도 24℃ 최종 단계

① 강력분, 중력분, 천일염, 설탕을 믹서에 넣는다.

② 사워종, 물, 드라이이스트 레드를 넣고 믹싱한다.

③ 올리브유를 넣고 최종 단계까지 믹싱하여 반죽을 완성한다.

4/   **1차 발효** : 24℃, 70%, 60분 펀치 후 30분 더 진행한다.

5/   **반죽 분할 80g, 둥글리기, 중간발효 15분**

---

① 설탕량이 적은 감자와 치즈브레드 반죽에 저당용 드라이 이스트 레드를 사용하여 발효가 더 잘되게

하고 빵의 풍미가 좋아지도록 하였습니다.

② 빵의 볼륨이나 식감에 큰 영향을 미치지 않는 비율 내에서 버터 대신 포화지방산이나 콜레스테롤,

염분이 적은 올리브유를 넣었습니다.

하스브레드 파트장의 Tip

성형 및 굽기

11 | 충전물 충전

12 | 2차 발효

13 | 계란물 바르기

14 | 토핑물 짜기

15 | 굽기 후 꿀시럽 바르기

16 | 완성

6/ **충전물 충전 :** 헤라로 충전물을 80g씩 반죽 안에 넣고 감싼 후 X자로 가위집을 내준다.

7/ **2차 발효 :** 32℃, 80%, 50분

8/ **계란물 바른 후 토핑물을 가위집 모양을 낸 위에 짜기**

9/ **굽기 :** 230/200℃, 스팀, 15분

하스브레드 파트장의 **Tip**

감자치즈 브레드는 하드계열류 빵의 단점인 다소 거칠고 딱딱한 질감을 부드럽게 하기 위하여 많은 양의 물과 사워종을 넣고 부재료(올리브유, 설탕)를 첨가하여 촉촉하고 부드러운 식감이 느껴지도록 만들었습니다.

02 무가당 크랜베리

분할중량 280g   **생산수량** 9개

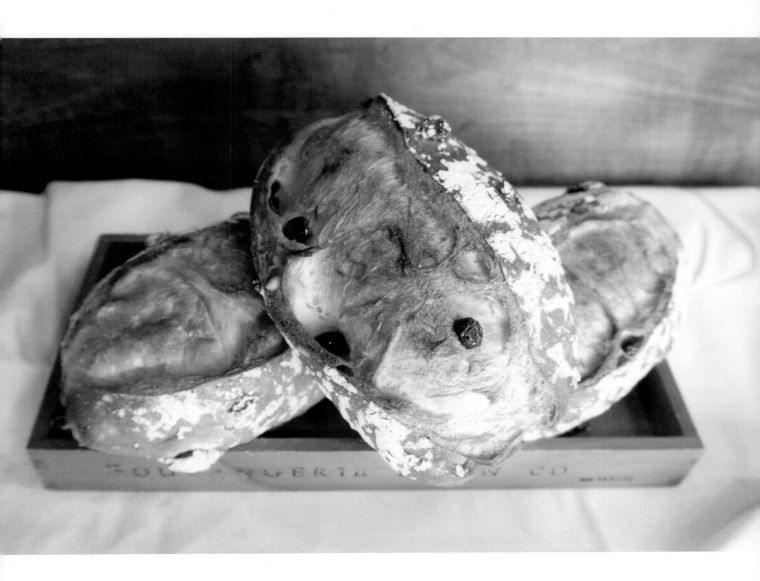

강력 쌀가루를 사용하고 흰 설탕을 대신하여 오렌지 필과 크랜베리로 단 맛을 가미한 건강 빵입니다. 풀리쉬와 사워종을 이용하여 빵의 볼륨을 증가시켰습니다. 밀가루 글루텐과 흰 설탕에 거부감이 있는 소비자들에게 제안할 수 있는 무가당 크랜베리 빵입니다.

재료

□ 강력쌀가루 360g   □ 천일염 18g
□ 생이스트 10g   □ 물 92g
□ 사워종 210g   □ 몰트 8g
□ 크랜베리 230g   □ 오렌지필 100g
□ 풀리쉬 전량

＊사워종 제조방법은 14page 참조

풀리쉬

□ 강력쌀가루 600g   □ 드라이이스트 골드 2g
□ 물 600g

무가당 크랜베리 작업흐름도

1 │ 크랜베리 전처리

2 │ 반죽
앞선 반죽(사워종, 풀리쉬)

본 반죽 제조(반죽온도 25℃)

3 │ 1차 발효
24℃, 70%, 25분

4 │ 성형 공정
타원형

5 │ 2차 발효
32℃, 80%, 50분

6 │ 굽기
230/210℃, 스팀, 20분

○─ 크랜베리
전처리

1	크랜베리 씻기
2	찜통에 찌기
3	30~40분 가량 찌기
4	완성된 크랜베리

1/ 크랜베리 전처리하기

① 크랜베리를 37℃ 정도의 따뜻한 물에 담가 가볍게 씻어준다.

② 크랜베리를 찜통에 넣은 후 30~40분 쪄준다.

③ 완성된 크랜베리를 냉장보관하여 필요 시 사용한다.

① 크랜베리를 따뜻한 물에 씻는 과정에서 겉면에 코팅된 해바라기씨유를 제거합니다.

② 크랜베리를 쪄서 반죽에 넣으면 크랜베리의 수분 함유량을 높이고 질감을 부드럽게 하여 빵 내부의
수분이 크랜베리로 이동하는 것을 막아 빵 속이 건조해지는 것을 방지합니다.

하스브레드 파트장의 **Tip**

○ 반죽 및 발효

5 | 풀리쉬 완성	6 | 액체재료 넣기
7 | 크랜베리 넣기	8 | 반죽 완성
9 | 반죽 분할	10 | 중간발효

2/ 풀리쉬 만들기
① 물에 드라이이스트 골드를 풀어준 후 강력쌀가루를 넣고 균일하게 핸드거품기로 섞어준다(반죽 온도 27℃).
② 발효 온도 27℃, 습도 80%, 60분 발효한 뒤 냉장숙성 12시간 진행한다.

3/ 반죽 : 반죽온도 25℃, 최종 단계
① 강력쌀가루, 천일염을 믹서에 넣는다.
② 생이스트, 물, 사워종, 몰트, 만들어 둔 풀리쉬를 넣고 믹싱한다.
③ 최종 단계까지 믹싱한 후 크랜베리와 오렌지필을 넣고 균일하게 섞는다.

4/ 1차 발효 : 24℃, 70%, 30분

5/ 반죽 분할 280g, 둥글리기, 중간발효 15분

① 풀리쉬를 핸드거품기로 섞어 반죽 속에 함유되는 산소량을 증가시키면 알코올 발효를 일으키지 않
으면서 반죽의 신장성을 좋게 하여 빵의 볼륨이 커지게 됩니다.
② 밀가루 풀리쉬와 다르게 강력쌀가루가 들어간 풀리쉬는 글루텐 함량이 적어 반죽의 신장성을 극대
화할 수 있는 시간까지 발효하여 바로 사용이 가능합니다.

하스브레드 파트장의 **Tip**

○ 성형 및 굽기

11 | 성형하기

12 | 밀가루 묻히기

13 | 2차 발효

14 | 칼집내기

15 | 굽기

16 | 굽기 완성

6/ **성형하기 :** 손바닥으로 반죽의 윗면을 눌러 위에서 아래로 말아 준 후 밀가루 위에 굴려 묻히고 팬닝한다.

7/ **2차 발효 :** 32℃, 80%, 50분

8/ 굽기 전 윗면 가운데 일직선으로 칼집내기

9/ **굽기 :** 230/210℃, 스팀, 15~20분

① 무가당 크랜베리는 본 반죽에 크랜베리와 오렌지필을 넣어 설탕의 단맛을 과일의 단맛으로 대체하
였습니다.

② 밀가루 대신 100% 강력쌀가루를 사용하기 때문에 볼륨이 나쁠 수 있어 강력쌀가루의 일부를 풀리쉬
로 대체하고 밀가루 사워종을 추가하였습니다.

하스브레드 파트장의 **Tip**

노아레잔

분할중량 400g **생산수량** 13개

호밀 사워 도우 분말인 로건픽스를 강력분의 일부분으로 대체하여 호밀 사워 도우에서만 낼 수 있는 독특한 맛과 풍미를 표현하였습니다. 사워종을 넣어 빵의 볼륨감을 확대하고 별도로 사워종을 르방뒤흐(고체 반죽)로 만들어 발효 산물을 축적시킴으로써 곡류를 더욱 소화되기 쉬운 상태로 만듭니다.

○ー 재료

□ 강력분 1,400g □ 로건픽스 350g
□ 천일염 45g □ 생이스트 22.5g
□ 르방뒤흐(2) 900g □ 꿀 132g
□ 물 1,050g □ 몰트 18g
□ 건포도 700g □ 호두 600g
□ 사워종 160g

＊르방뒤흐(2) 제조방법은 13page 참조
＊사워종 제조방법은 14page 참조

○ー 노아레잔 작업흐름도

| **1** │ 건포도 전처리 |

| **2** │ 반죽 |
| 앞선 반죽(사워종, 르방뒤흐(2)) |
| ↓ |
| 본 반죽 제조(반죽온도 : 24℃) |

| **3** │ 1차 발효 |
| 24℃, 70%, 60분(펀치 후 30분 발효) |

| **4** │ 성형 공정 |
| 타원형, 중간발효 10분 |

| **5** │ 2차 발효 |
| 32℃, 80%, 50분 |

| **6** │ 굽기 |
| 230/200℃, 스팀, 22~25분 |

○─ 건포도 전처리

1 | 건포도 물에 씻기

2 | 건포도 찌기

3 | 30~40분 가량 찌기

4 | 건포도 완성

1/ 건포도 전처리하기

① 건포도를 37℃ 정도의 따뜻한 물에 담가 가볍게 씻어준다.

② 건포도를 찜통에 넣은 후 30~40분 쪄준다.

③ 완성된 건포도를 냉장보관하여 필요 시 사용한다.

① 건포도를 따뜻한 물에 씻는 과정에서 겉면에 코팅된 해바라기씨유를 제거합니다.

② 건포도를 쪄서 반죽에 넣는 이유는 건포도의 수분 함유량을 높이고 건포도의 질감을 부드럽게 하여
빵 내부의 수분이 건포도로 이동하는 것을 막아 빵 속이 건조해지는 것을 방지합니다.

하스브레드 파트장의 Tip

ο‐ 반죽 및 발효

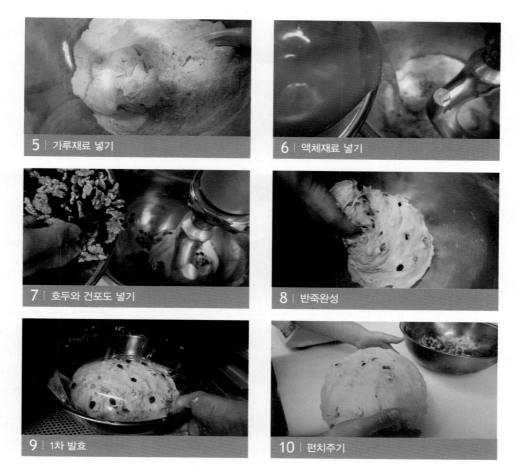

5 | 가루재료 넣기

6 | 액체재료 넣기

7 | 호두와 건포도 넣기

8 | 반죽완성

9 | 1차 발효

10 | 펀치주기

2/ **반죽 :** 반죽온도 24℃, 최종 단계
① 강력분, 로건픽스, 천일염을 믹서에 넣는다.
② 생이스트, 르방뒤흐(2), 꿀, 물, 몰트, 사워종을 넣고 믹싱한다.
③ 최종 단계까지 믹싱한 후 건포도와 호두를 넣고 균일하게 섞는다.

3/ **1차 발효 :** 24℃, 70%, 60분(펀치 후 30분 발효)

하스브레드 파트장의 **Tip**

① 로건픽스는 주성분이 호밀 분말과 배아, 사워도우 분말로 전통 호밀빵을 보다 손쉽게 만들 수 있도록 도와주며 밀가루에 대체하여 20~80%까지 사용이 가능하나 많이 넣을수록 신맛이 강하기 때문에 노아레잔에는 밀가루 대비 20%가량 넣어 주었습니다.
② 사워종을 넣어 빵의 볼륨감을 확대하고 사워종이 첨가된 르방뒤흐(2)를 따로 만들어 발효 산물을 축적시킴으로써 곡류가 더욱 소화되기 좋은 빵을 만들 수 있습니다.
③ 1차 발효의 총 발효 시간이 90분이기 때문에 발효 중간에 펀치하여 반죽 내에 산소를 공급해주고 반죽의 고른 발효 상태를 유지할 수 있도록 해줍니다.

○ 성형 및
  발효 굽기

11 | 분할하기

12 | 성형하기

13 | 2차 발효

14 | 캔버스 올리기

15 | 칼집 내기

16 | 굽기

4/ 반죽 분할 400g, 둥글리기, 중간발효 15분

5/ 성형하기 : 손바닥으로 반죽의 윗면을 눌러 위에서 아래로
      말아준 후 밀가루 위에 굴려 묻히고 팬닝한다.

6/ 2차 발효 : 32℃, 80%, 50분

7/ 굽기 전 윗면 일직선으로 칼집을 세줄 내기

8/ 굽기 : 230/200℃, 스팀, 22~25분

17 | 굽기 완성

① 2차 발효 시 하스브레드의 특성상 낮은 습도를 유지하므로 마른 껍질이 형성되는 것을 방지하기 위
   하여 면포를 씌워줍니다.

② 하스브레드는 굽기 시 오븐 팽창으로 인해 기형적 터짐이 발생할 수 있기 때문에 가스 배출을 유도
   하기 위하여 칼집을 냅니다. 역사적으로 블랑제(빵을 만드는 전문 제빵사)들은 자신만의 고유한 사인
   을 빵 위에 표시하기 위하여 다양한 방법으로 쿠프(칼집)를 내었습니다.

하스브레드 파트장의 **Tip**

빵오노와

분할중량 200g	생산수량 11개

유기농 강력분을 사용하여 밀가루에 차별점을 두었으며 분유, 버터, 우유와 같은 유제품을 첨가하여 풍미를 증대시키고 호두 분태와 롤치즈를 넣어 고소함을 더해 주었습니다. 많은 양의 분유로 인해 발효력이 저해되므로 생이스트를 드라이이스트 골드로 대체하고 몰트를 넣어 발효력에 안정성을 주었습니다. 하스브레드 특성상 심심할 수 있는 빵의 맛에 익숙하지 않은 소비자들에게 제안할 수 있는 빵입니다.

○─ 재료

□ 유기농 강력분 1,000g □ 설탕 50g
□ 천일염 22g □ 탈지분유 50g
□ 몰트 10g □ 드라이이스트 골드 15g
□ 버터 60g □ 물 460g
□ 우유 200g □ 호두분태 170g
□ 사워종 100g

＊충전용 롤치즈 개당 20g
＊사워종 제조방법은 14page 참조

○─ 빵오노와 작업흐름도

1 | 반죽

앞선 반죽(사워종)
↓
본 반죽 제조(반죽온도 27℃)

2 | 1차 발효

27℃, 75%, 50분

3 | 성형 공정

타원형(충전물 충전)

4 | 2차 발효

32℃, 80%, 40분

5 | 굽기

230/200℃, 스팀, 15〜18분

○─ 반죽하기

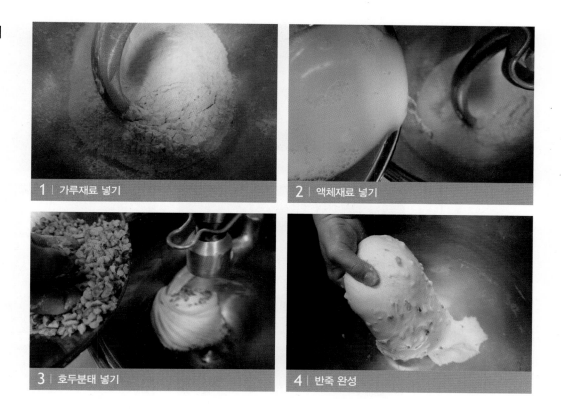

1 │ 가루재료 넣기

2 │ 액체재료 넣기

3 │ 호두분태 넣기

4 │ 반죽 완성

1/   반죽 : 반죽온도 27℃, 최종 단계

　　　① 유기농 강력분, 설탕, 천일염, 탈지분유를 믹서에 넣는다.

　　　② 몰트, 드라이이스트 골드, 물, 사워종을 넣고 믹싱한다.

　　　③ 클린업 단계에서 버터를 넣고 최종 단계까지 믹싱 후 호두분태를 넣고 균일하게 혼합하여 반죽을 완성한다.

① 기존의 하드계열류 빵은 크러스트(껍질)와 크럼(속)이 거칠어 먹는데 어려움이 많았다는 점을 고려하
　여 반죽 배합에 우유, 버터, 설탕, 분유를 넣어 질감이 더욱 부드럽고 촉촉한 식감의 바게트류 빵을
　만들었습니다.

② 신전성(사방으로 늘어나는 성질)을 더욱 좋게 하기 위하여 반죽에 몰트를 넣어주었습니다.

하스브레드 파트장의 **Tip**

○─ 반죽 및 발효

5 | 1차 발효

6 | 분할하기

7 | 중간발효

8 | 밀어펴기

9 | 롤치즈 충전

10 | 성형하기

2/ 　**1차 발효 :** 27℃, 75%, 50분

3/ 　**반죽 분할 200g, 둥글리기, 중간발효 10분 후 밀대로 밀어펴기**

4/ 　**충전물 충전 :** 롤치즈 20g씩 충전

5/ 　**성형하기 :** 위에서 아래로 말아 타원형 만들기

일반 하스브레드류의 내상과 다르게 부재료의 비율이 높은 빵오노아의 반죽과 같은 경우는 조직의 균
질화를 위하여 성형 시 반죽을 밀대로 밀어 펴주었습니다.

하스브레드 파트장의 **Tip**

ㅇ- 굽기 및 완성

11 | 밀가루 묻히기

12 | 2차 발효

13 | 쿠프 넣기

14 | 굽기

15 | 완성

16 | 디스플레이

6/ 밀가루에 반죽을 굴려 묻힌 후 2차 발효 : 32℃, 80%, 40분

7/ 굽기 전 윗면에 대각선으로 칼집을 세줄 내기

8/ 굽기 : 230/200℃ 스팀, 15~18분

하스브레드 파트장의 **Tip**

① 하스브레드 굽기 시 많은 양을 한꺼번에 오븐에 넣기 위하여 사용하는 '캔버스'는 대량의 빵 반죽을 더욱 손쉽게 넣고 구울 수 있는 장비입니다.

② 빵오노아는 설탕, 분유, 우유, 버터와 같은 부재료들과 함께 롤치즈도 빵에 들어가 있어 다소 심심할 수 있는 하스브레드의 맛에 익숙하지 않은 소비자들에게 다양한 맛을 즐길 수 있도록 제안하는 빵입니다.

05 아르미텔

분할중량 300g　　**생산수량** 14개

구수한 풍미를 내는 천연발효빵으로, 자연스러운 단맛을 내기 위하여 당절임한 무화과와 크랜베리로 은은한 단맛과 함께 호두의 씹히는 고소함을 느낄 수 있는 하스브레드입니다. 아르미텔에는 바게트전용분인 블레프랑세를 사용하여 풍부한 향을 느낄 수 있으며, 씹을수록 고소함이 배어나오는 바삭한 크러스트와 부드러운 크럼의 식감을 표현할 수 있습니다.

◐ 재료

□ 바게트 전용분 1,134g　　□ 흑설탕 26g

□ 천일염 34g　　□ 버터 26g

□ 드라이이스트 레드 10g　　□ 르방뒤흐(1) 400g

□ 풀리쉬 700g　　□ 물 700g

□ 몰트 16g　　□ 크랜베리 334g

□ 호두분태 266g　　□ 무화과 460g

＊르방뒤흐(1) 제조방법은 12page 참조

＊풀리쉬 제조방법은 13page 참조

◐ 풀리쉬(호밀종)

□ 호밀 가루 200g　　□ 풀 사워종 100g

□ 물 400g

＊100% 호밀빵을 만들기 위한 시판용 풀 사워종 가루를 사용합니다.

◐ 무화과 전처리

□ 물 2,500g　　□ 설탕 875g

□ 건무화과 2,500g　　□ 럼 187.5g

◐ 아르미텔 작업흐름도

1 | 무화과 전처리

2 | 호밀사워종 제조하기

3 | 반죽

앞선 반죽(르방뒤흐(1), 풀리쉬)

↓

본 반죽 제조(반죽온도 : 24℃)

4 | 1차 발효

24℃, 70%, 60분(펀치 후 30분 발효)

5 | 성형 공정

원형, 중간발효 15분

6 | 2차 발효

32℃, 80%, 50분

7 | 굽기

250/200℃, 스팀 후 230/220℃, 22~25분

○ 무화과
전처리

1 | 설탕과 물 끓이기

2 | 무화과 씻기

3 | 럼주 넣기

4 | 식힌 후 냉장보관

1/ 무화과 전처리하기

① 물과 설탕을 끓여준다.

② 깨끗이 씻은 건무화과를 넣고 물이 거의 없을 때까지 졸인다.

③ 졸인 무화과에 럼주를 넣어주고 식힌 후 냉장 보관하여 사용한다.

① 무화과는 최근 천연발효빵과 가장 잘 어울리는 부재료로 각광받고 있습니다. 심심할 수 있는 하스브
레드 빵에 무화과를 당절임하여 넣고 럼을 첨가하여 무화과의 풍미를 더욱 살린 빵입니다.

② 당절임한 무화과를 식힐 때 비닐을 덮어주어 럼의 향이 날아가지 않도록 해줍니다.

하스브레드 파트장의 **Tip**

○─ 반죽 및 발효

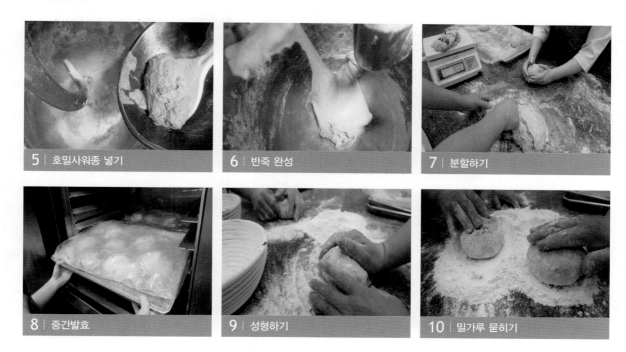

5 | 호밀사워종 넣기　　6 | 반죽 완성　　7 | 분할하기

8 | 중간발효　　9 | 성형하기　　10 | 밀가루 묻히기

2/ **호밀 사워종 제조**

① 30℃ 물에 풀 사워종을 푼 후 호밀가루를 넣고 잘 섞어준다.

② 온도 28℃, 습도 75% 발효실에 90분간 발효하고 12시간 냉장보관한 후 사용한다.

3/ **반죽** : 반죽온도 24℃, 최종 단계

① 바게트전용분, 흑설탕, 천일염을 믹서에 넣는다.

② 드라이이스트 레드, 르방뒤흐(1), 풀리쉬, 물, 몰트, 버터를 넣고 최종 단계까지 믹싱한다.

③ 호두분태, 크랜베리, 무화과를 넣고 균일하게 섞어 반죽을 완성한다.

4/ **1차 발효** : 24℃, 70%, 60분(펀치 후 30분 발효)

5/ **반죽 분할** 300g, 둥글리기, 중간발효 15분

6/ **성형하기** : 원형으로 둥글게 성형한 후 윗면에 밀가루를 묻힌다.

---

① 건조 사워종 분말을 사용하여 반죽에 들어가는 호밀가루를 사전반죽인 르방뒤흐(2)로 만들어 호밀의
분해와 발효 산물의 축적을 극대화시킨 빵입니다.

② 바게트전용분을 사용하면 일반 강력분에 비해 회분함량이 높아 향과 풍미는 좋지만 제품 완성 시 볼
륨감이 떨어지고 작업이 까다롭습니다. 이를 보완하기 위하여 빵의 볼륨에 영향을 미치는 르방뒤흐
(1), 풀리쉬, 드라이이스트 레드, 몰트 등을 다양하게 사용하였습니다.

하스브레드 파트장의 **Tip**

○ 성형 및 굽기

11 | 반느통에 넣어 2차 발효

12 | 캔버스에 놓기

13 | 쿠프 내기

14 | 굽기

15 | 완성

16 | 디스플레이

7/ 반느통에 넣어 2차 발효 : 32℃, 80%, 50분

8/ 캔버스에 반죽 놓은 후 X자로 쿠프내기

9/ 굽기 : 250/200℃, 스팀 후 230/200℃, 22~25분

① 반느통은 등나무로 만든 틀로 진 반죽으로 모양을 만들고자 할 때 반죽이 퍼지지 않고 모양이 흐트러지지 않게 합니다.

② 타원형의 빵과 달리 둥그런 형태의 아르미텔은 굽기 시 크러스트의 균형적인 터짐과 가스 발산을 위하여 X자 형태로 쿠프를 내어주는 것이 좋습니다.

하스브레드 파트장의 **Tip**

06 현미 브레드

분할중량 300g   생산수량 8개

쌀가루와 현미가루를 혼용하여 넣고 충전물로 이집트콩인 치크피와 롤치즈를 첨가해 고소한 식감과 맛을 더해주었습니다. 강력쌀가루를 풀리쉬로 만든 후 본 반죽에 넣고 사워종을 추가하여 빵에 볼륨을 줄 수 있도록 하였습니다. 밀가루 글루텐에 거부감이 있는 소비자들에게 제안할 수 있는 현미 쌀빵입니다.

◦ 재료

□ 현미가루 400g   □ 천일염 18g
□ 생이스트 30g   □ 사워종 100g
□ 물 150g   □ 풀리쉬 전량
＊사워종 제조방법은 14page 참조

◦ 풀리쉬

□ 강력쌀가루 600g   □ 드라이이스트 골드 2g
□ 물 600g
＊풀리쉬 제조방법은 13page 참조

◦ 충전물

□ 베이커리 롤 치즈 300g
□ 치크피 배기 400g

◦ 현미 브레드 작업흐름도

1 | 풀리쉬 제조

2 | 반죽
앞선 반죽(사워종)
↓
본 반죽 제조(반죽온도 25℃)

3 | 1차 발효
27℃, 75%, 20~30분

4 | 성형 공정
타원형(충전물 충전)

5 | 2차 발효
38℃, 85%, 50분

6 | 굽기
230/200℃ 스팀, 18~20분

◦ 풀리쉬 제조

| 1 | 풀리쉬 제조 | 2 | 풀리쉬 반죽 |

| 3 | 풀리쉬 발효 | 4 | 현미가루 |

1/ 풀리쉬 만들기

① 물에 드라이이스트 골드를 풀어주고 강력쌀가루를 넣고 잘 섞어준다.

② 반죽 온도는 27℃로 맞춘다.

③ 27℃, 습도 80% 발효실에 랩을 씌운 후 60분간 발효한다.

④ 발효 후 12시간 냉장 숙성하여 사용한다.

밀가루가 들어가지 않는 현미 브레드는 단백질 함량이 적은 강력쌀가루로 풀리쉬를 사전에 만들어 빵의 볼륨을 확보하고 신장성을 좋게 합니다.

하스브레드 파트장의 Tip

5 | 본반죽 제조

6 | 손으로 섞기

7 | 1차 발효

8 | 성형하기 1

9 | 성형하기 2

10 | 성형하기 3

2/ **반죽 :** 반죽온도 25℃, 최종 단계

① 현미가루, 천일염을 믹서에 넣는다.

② 생이스트, 사워종, 물, 풀리쉬를 넣고 믹싱한다.

③ 최종 단계까지 반죽을 믹싱하고 롤치즈, 치크피 배기를 넣고 손으로 골고루 섞어 반죽을 완성한다.

3/ **1차 발효 :** 27℃, 75%, 20~30분

4/ 반죽 분할 300g, 둥글리기, 중간발효 15분 후 위에서 아래로 말아 타원형 만들기

① 치크피(병아리콩)는 식이섬유가 다량 함유되어 있고 당뇨와 동맥경화를 예방해주는 슈퍼푸드 중 하나입니다. 믹서에 넣고 돌리면 으스러질 수 있기 때문에 반죽 완성 후 손으로 균일하게 섞어주어야 합니다.

② 현미쌀은 섬유질이 많아 몸속의 나쁜 물질을 배출시켜 다이어트, 당뇨병 및 성인병 예방에도 좋은 재료입니다. 밀가루 글루텐에 거부감이 있는 고객들에게 제안할 수 있는 빵입니다.

하스브레드 파트장의 **Tip**

○─ 굽기 및 완성

11 | 현미가루 묻히기

12 | 2차 발효

13 | 현미가루 뿌리기

14 | 쿠프내기

15 | 굽기

16 | 굽기 완성

5/ 반죽의 윗면에 현미가루를 묻힌 후 실리콘페이퍼 위에 팬닝하기

6/ 2차 발효 : 38℃, 85%, 25~30분

7/ 현미가루를 빵 위에 체 쳐서 뿌려준 후 쿠프를 대각선으로 3개 내고 오븐에 넣기

8/ 굽기 : 230/200℃ 스팀, 18~20분

① 볶은 시판용 현미가루를 사용하여 2차 발효 시 밀가루 대신 묻혀주고, 굽기 전에도 뿌려주어 현미의 구수한 풍미를 더욱 극대화시킬 수 있습니다.

② 현미가루는 단백질 함량이 적어 반죽의 가수율(반죽에 넣는 수분의 비율)이 낮기 때문에 반죽의 형 태 유지가 용이하여 실리콘페이퍼에 성형 후 바로 팬닝하고 발효와 굽기를 진행할 수 있습니다.

하스브레드 파트장의 **Tip**

페이스트리
Pastry

크루아상, 슈, 페이스트리류는 카페의 커피 사이드
메뉴 중에서도 가장 인기가 있는 품목입니다.
기본 페이스트리를 대표하는 아이템 외에도
페이스트리를 베이스로 커스타드 크림, 견과류,
소시지, 치즈 등 다양한 재료를 활용하여 판매가
가능한 품목의 레시피를 제안합니다.

조봉현 셰프
페이스트리 파트장

몽블랑

분할중량 2,160g	생산수량 12개

*분할중량으로 생산하는 개수를 기재함

유기농 밀가루와 바게트 전용분을 사용하고 반죽에 유지와 계란을 많이 첨가하여 바삭하면서 길게 찢어지는 식감을 표현했습니다. 몽블랑의 특성 상 다른 데니쉬 페이스트리류와 달리 반죽을 100% 상태까지 믹싱하여야 조직의 결이 살아 있습니다. 몽블랑 시럽에 럼이 첨가되어 독특한 풍미를 내고 형태와 결이 고급스러워 선물용으로도 손색이 없습니다.

◦- 재료

☐ 유기농 강력분 9,600g ☐ 바게트 전용분 2,400g

☐ 설탕 1,440g ☐ 천일염 216g

☐ S-KIMO 120g ☐ 생이스트 600g

☐ 버터 1,920g ☐ 계란 3,600g

☐ 우유 3,600g ☐ 사워종 2,400g

＊사워종 제조방법은 14page 참조

◦- 시럽

☐ 물 3,000g ☐ 설탕 3,000g

☐ 럼 900g

◦- 몽블랑 작업흐름도

1 │ 반죽

앞선 반죽(사워종)

↓

본 반죽 제조(반죽온도 27℃)

2 │ 분할 2,160g, 둥글리기

3 │ 냉장 숙성

16시간

4 │ 성형 공정

파이용 버터 충전 600g 3절 3회
- 가로 140cm, 세로 33cm로 밀기
- 가로 70cm, 세로 5.5cm로 재단 후 롤링하고 윗면에 설탕을 묻혀 냉동보관

5 │ 2차 발효

30℃, 75%, 60분

6 │ 굽기

컨벡션오븐 예열 200℃ 스팀 후 170℃ 20분

○ 반죽 및 냉장숙성

1 | 가루재료 넣기

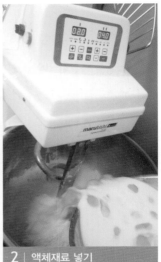

2 | 액체재료 넣기

3 | 반죽 완성

4 | 냉장숙성

1/ **반죽 :** 반죽온도 27℃, 최종 단계

　　① 유기농 강력분, 바게트전용분, 설탕, 천일염, S-KIMO를 믹서에 넣는다.

　　② 생이스트, 계란, 우유, 사워종을 넣고 믹싱한다.

　　③ 클린업 단계에서 버터를 넣고 최종 단계까지 믹싱을 완료한다.

2/ 반죽 분할 2,100g, 둥글리기 후 반죽을 비닐에 싸서 냉장 숙성 16시간

① 페이스트리류의 빵들은 반죽을 냉동하는 과정에서 일정량의 이스트가 파괴되므로 반죽을 퍼지게 만듭니다. 따라서 반죽 시 S-KIMO(냉동 생지전용개량제)를 넣어주는데, S-KIMO의 주성분인 탄산칼슘과 비타민 C가 반죽에 산화작용을 하여 반죽의 탄성을 유지시켜 줍니다.

② 냉장숙성을 하는 이유는 반죽과 유지(버터)의 되기를 맞춰주고 파이롤러를 사용하여 밀어펴기를 할 때 신장성을 향상시키기 때문입니다.

페이스트리 파트장의 **Tip**

○─ **성형 공정**

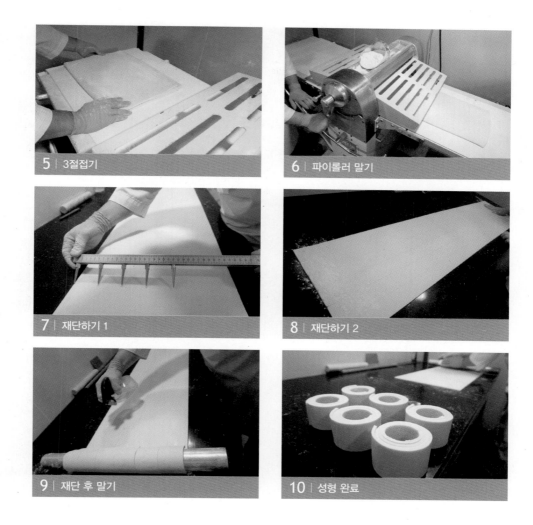

5	3절접기	6	파이롤러 말기
7	재단하기 1	8	재단하기 2
9	재단 후 말기	10	성형 완료

3/ 성형하기

① 파이용 버터 600g을 가로×세로 각각 25cm로 밀어편다.

② 밀가루 반죽을 가로×세로 각각 50cm로 밀어편 후 파이용 버터를 충전한다.

③ 파이롤러로 밀어펴서 3절접기를 3회 반복한다.

④ 3절접기 3회 후 가로 140cm, 세로 33cm로 밀어준다.

⑤ 가로 70cm, 세로 5.5cm로 재단 후 롤링하고 윗면에 설탕을 묻혀 비닐로 씌우고 냉동보관한다.

---

① 반죽의 길이가 길기 때문에 효율적이고 빠른 재단을 위하여 일정한 간격으로 표식이 가능한 전용 도
구를 사용하였습니다.

② 재단한 반죽을 밀대를 이용하여 말 때 반죽에 물을 뿌려주어 접착성을 높여 모양이 흐트러지는 것을
방지하도록 합니다. 밀대에는 덧가루를 묻혀 쉽게 빼낼 수 있도록 합니다.

페이스트리 파트장의 **Tip**

○─ **보관 및 굽기**

11 | 설탕 묻히기

12 | 냉동보관

13 | 굽기 완료

14 | 시럽 묻히기

15 | 완성

4/ 반죽 윗면에 설탕을 묻힌 후 냉장보관하기

5/ 냉장고에서 해동시킨 후 2차 발효 : 30℃, 75%, 60분

6/ 몽블랑 시럽 제조 : 물과 설탕을 100℃까지 끓인 후 불을 끄고 바로 럼을 첨가하여 식힌 후 냉장보관한다.

7/ 굽기 : 컨벡션 오븐 예열 200℃ 스팀 후 170℃ 20분, 몽블랑 시럽 묻혀 완성

① 말아 둔 반죽 윗면에 설탕을 묻혀 냉동보관하면 서로 붙는 것을 방지합니다.

② 몽블랑 반죽 성형 시 가운데가 비어있는 이유는 구울 때 팽창을 안쪽으로 유도하여 가운데가 익게
하기 위해서입니다.

③ 럼의 비율이 높은 몽블랑 시럽에 몽블랑을 반 이상 담갔다 빼주어 시럽을 듬뿍 묻히면 촉촉한 식감
과 함께 특유의 풍미를 충분히 낼 수 있습니다.

페이스트리 파트장의 **Tip**

롤링치즈 브레드

분할중량 2,000g   생산수량 96개

치즈가 들어간 빵의 특징을 나타내기 위해 치즈롤링시트로 결을 만들어 표현하였습니다. 일반적인 치즈 빵들은 입자형 치즈나 치즈 페이스트를 빵 내부에 넣지만 롤링치즈 브레드는 치즈의 결을 빵에 함께 보여줌으로써 시각적인 효과를 더해줍니다. 재료의 건강함을 추구하는 소비자들을 위해 유기농 밀가루를 사용하였고 본 반죽에는 몰트와 사워종으로 천연의 반죽 개선 효과를 주었습니다.

○─ 재료

□ 유기농 강력분 1,600g   □ 박력분 400g

□ 설탕 320g   □ 천일염 26g

□ 분유 80g   □ 몰트 20g

□ 생이스트 60g   □ 버터 300g

□ 노른자 160g   □ 물 900g

□ 사워종 200g

＊사워종 제조방법은 14page 참조

○─ 롤링치즈 브레드 작업흐름도

1 | 반죽

앞선 반죽(사워종)

본 반죽 제조(반죽온도 27℃)

2 | 분할 2,000g, 둥글리기

3 | 냉장 숙성

16시간

4 | 성형 공정

치즈롤링시트 1,000g을 3절 1회
– 가로 60cm, 세로 40cm로 밀기
– 가로 5cm, 세로 5cm로 재단

5 | 2차 발효

30℃, 75%, 50분

6 | 굽기

노른자 바른 후 230/150℃ 9~10분

○─ 반죽 및
냉장숙성

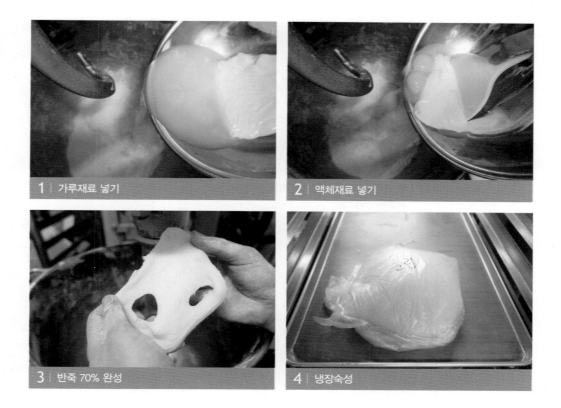

1 | 가루재료 넣기

2 | 액체재료 넣기

3 | 반죽 70% 완성

4 | 냉장숙성

1/ **반죽 :** 반죽온도 27℃, 발전 단계 초기

① 유기농 밀가루, 박력분, 설탕, 천일염, 분유를 믹서에 넣는다.

② 몰트, 생이스트, 노른자, 물, 사워종을 넣고 믹싱한다.

③ 클린업 단계에서 버터를 넣고 발전 단계 초기(70%)까지 반죽하여 완성한다.

2/ 반죽 분할 2,000g, 둥글리기 후 반죽을 비닐에 싸서 냉장 숙성 16시간

---

① 다른 페이스트리류와 달리 버터 대신 치즈로 층을 형성하는 롤링치즈브레드의 경우, 반죽 믹싱 시 반죽 완성을 발전 단계 초기인 70%까지 하여 글루텐의 생성을 적게 합니다. 반죽을 100%까지 하게 되면 치즈롤링시트가 충전용 버터보다 가스 보유력이 높아 오븐스프링이 크기 때문에 조직이 과하게 부풀어지게 되고 굽기 후 쉽게 주저앉을 수 있습니다.

페이스트리 파트장의 Tip

② 반죽을 냉동 보관하여 제조하는 페이스트리 종류는 계란 노른자를 사용하였을 경우 이스트와 글루텐의 냉해(저온이 지속되어 이스트와 글루텐이 파괴되는 현상)를 완화할 수 있습니다.

5 | 파이롤러

6 | 치즈롤링시트

7 | 치즈 충전

8 | 3절접기

9 | 밀기

10 | 냉동휴지

3/ 성형하기

① 치즈롤링 시트 1,000g짜리 한 장을 준비한다.

② 밀가루 반죽을 치즈롤링 시트 크기의 가로 2배, 세로는 같게 밀어 편 후 치즈롤링 시트를 충전한다.

③ 파이롤러로 밀어펴서 3절접기를 1회한다.

④ 반죽을 비닐로 덮어 30분간 냉동 휴지한다.

---

① 페이스트리류를 제조하는 방식에서 충전용 버터나 마가린이 아닌 치즈로 층을 만들어 바삭한 식감 대신 부드럽고 촉촉한 질감의 빵을 만들 수 있습니다.

② 반죽에 수분이 적기 때문에 냉동에서 30분간 휴지를 하여 밀어펴기를 하면 재단하기 전 반죽의 수축을 방지할 수 있습니다.

페이스트리 파트장의 Tip

○─ 재단 및
　　발효 굽기

11 | 반죽 밀기

12 | 재단하기

13 | 재단 완료

14 | 노른자 칠하기

15 | 2차 발효

16 | 굽기 완성

4/ 파이롤러로 가로 60cm, 세로 40cm로 밀어펴기

5/ 가로×세로 각각 5cm로 재단하기

6/ 2차 발효 : 30℃, 75%, 50분

7/ 굽기 : 노른자 바른 후 230/150℃ 9~10분

페이스트리 파트장의 **Tip**

① 재단한 롤링치즈브레드 반죽은 냉동보관하면서 일부를 냉장 해동하여 2차 발효를 진행하고 구워서
　 판매가 가능하기 때문에 매장의 판매 상황에 맞춰서 생산이 가능합니다.
② 노른자칠을 하기 전 체에 걸러 노른자막과 흰 알끈을 제거하면 균일한 착색이 가능합니다.

03 소라 파이

분할중량 1,800g   **생산수량** 23개

바삭한 퍼프 페이스트리 반죽을 베이스로 한 초코 소라 파이입니다. 크럼에 코코아 가루를 넣고 성형 시 모양이 흐트러지지 않게 되기를 조절하기 위해 딸기잼과 버터크림을 넣어줍니다. 토핑으로 머랭 배합의 반죽을 올려주어 바삭한 식감과 단맛을 조화롭게 표현한 파이입니다.

◉ 재료

- 강력분 4,200g
- 천일염 40g
- 버터 520g
- 계란 16개
- 물 1,600g

◉ 토핑물

- 흰자 500g
- 분당 2,600g

◉ 충전물

- 크럼(체친 후랑보아즈 시트) 2,500g
- 호두 분태 200g
- 럼 100g
- 코코아 가루 200g
- 딸기잼 150g
- 버터크림 100~150g을 넣으면서 되기를 조절함

◉ 소라 파이 작업흐름도

1 | 반죽
앞선 반죽
↓
본 반죽 제조(반죽온도 24℃)

2 | 분할 1,800g, 둥글리기

3 | 냉장 휴지 16시간

4 | 성형 공정
파이버터 1,000g을 3절 5회 밀어펴기
- 냉장 휴지
- 가로 115cm, 세로 45cm로 밀어펴기
- 충전물 충전
- 세로 5cm 자른 후 소라 모양으로 말기

5 | 굽기
165℃ 45분

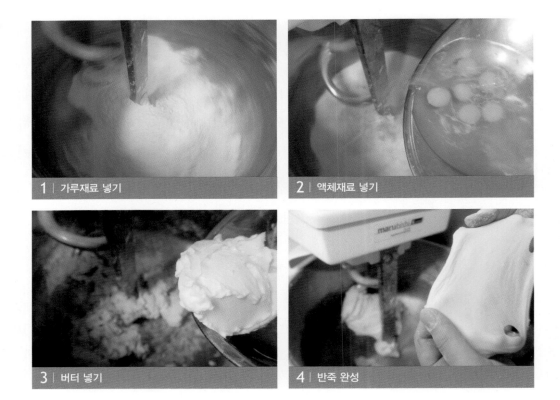

○- 반죽하기

1	가루재료 넣기
2	액체재료 넣기
3	버터 넣기
4	반죽 완성

1/ 반죽 : 반죽온도 24℃, 최종 단계

① 강력분, 천일염을 믹서에 넣는다.

② 계란, 물을 넣고 믹싱한다.

③ 클린업 단계에서 버터를 넣고 최종 단계까지 반죽하여 완성한다.

2/ 분할 1,800g, 둥글리기 후 반죽을 비닐에 싸서 냉장휴지 16시간

3/ 성형하기

① 파이용 버터 1,000g 한 장을 준비한다.

② 밀가루 반죽을 가로×세로 각각 50cm로 밀어 편 후 파이용 버터를 충전한다.

③ 파이롤러로 밀어펴서 3절접기를 5회 반복한다.

④ 3절접기 5회 후 비닐로 덮어 냉장 휴지를 30분간 시킨다.

⑤ 가로 115cm, 세로 45cm로 밀어 펴준다.

○- 토핑물 및
충전물 제조

5 | 토핑물 준비

6 | 휘핑하기

7 | 토핑물 완성

8 | 냉장보관

9 | 충전물 제조

10 | 충전물 완성

4/ 토핑물 만들기

① 흰자, 분당을 믹서에 넣고 70%까지 휘핑한다.

② 냉장보관하며 필요 시 사용한다.

5/ 충전물 만들기

① 체에 친 후랑보아즈 시트를 호두분태, 럼과 섞는다.

② 코코아 가루, 딸기잼을 섞고 버터크림을 넣어 되기 조절을 한다.

① 이스트가 들어가지 않는 퍼프 페이스트리류이므로 발효과정이 필요하지 않아 냉장 휴지로 바로 진
행하기 때문에 반죽온도를 데니쉬 페이스트리류보다 낮게 설정하였습니다.

② 충전물은 크림의 부스러기가 날리지 않는 정도로 되기 조절을 합니다.

페이스트리 파트장의 Tip

③ 초코 스펀지 케이크를 제조하여 큰 체에 손으로 눌러 통과시키면 크림 상태의 보슬보슬한 질감을 만
들 수 있습니다. 　　　　　　　　　　　　　　　　　* 후랑보아즈 시트 제조방법 298page 참조

○― **충전 및 굽기**

11	딸기잼 바르기	12	크림 충전
13	재단하기	14	말기
15	말기 완성	16	굽기 완성

6/ 반죽에 전체적으로 딸기 잼을 바르고 충전물 골고루 펴기

7/ 세로 5cm 자른 후 사선 방향으로 말아 소라 모양 만들기

8/ 딸기잼을 지그재그로 짜주고 머랭 토핑도 같은 방향으로 짜준 후 위에 적당량의 마카다미아 분태 뿌리기

9/ 굽기 : 컨벡션 오븐 165℃ 45분

---

① 크림의 부드러움과 바삭한 퍼프 페이스트리, 토핑물인 머랭의 달콤하면서도 씹히는 질감이 조화로운
  페이스트리를 만들기 위하여 소라모양으로 말아주었습니다.

② 오븐의 온도가 너무 높으면 머랭 베이스의 토핑물이 탈 수 있기 때문에 낮은 온도에서 장시간 구워
  줍니다.

페이스트리 파트장의 **Tip**

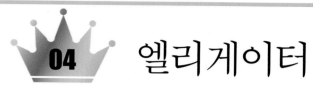

엘리게이터

분할중량 2,530g　**생산수량** 42개

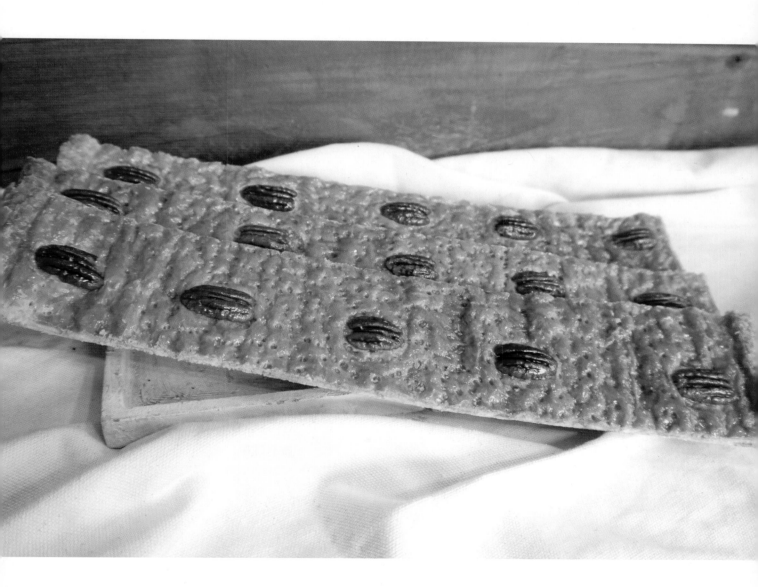

본 반죽 제조 시 전체 밀가루의 40%를 중력분으로 대체하여 바삭한 식감을 표현하고 충전물 제조 시 전체 설탕량의 약 40%를 흑설탕으로 넣어 내상을 갈색으로 나타내며 향을 증진시킵니다. 일반적으로 파이 반죽에 들어가는 충전용 유지 대신 직접 제조한 엘리게이터 충전물을 넣어 주어 고소함을 더해주었습니다.

◐ 재료

□ 강력분 2,550g   □ 중력분 1,695g
□ 설탕 510g   □ 천일염 63g
□ 분유 210g   □ 몰트 45g
□ 생이스트 160g   □ 물 1,875g
□ 계란 6개

＊여름에는 물 975g, 얼음 900g을 사용합니다.

◐ 충전물

□ 무염버터 1,800g   □ 설탕 1,050g
□ 흑설탕 750g   □ 강력분 300g
□ 중력분 300g   □ 피칸(갈아서 사용) 450g

＊충전물을 1,550g씩 나누어 3덩어리 준비한다.

◐ 토핑물

□ 물 150g   □ 한천 3g
□ 물엿 75g   □ 마스코바도 설탕 75g
□ 흑설탕 75g

◐ 엘리게이터 작업흐름도

1 │ 반죽

앞선 반죽 ➡ 본 반죽 제조(반죽온도 27℃)

2 │ 분할 2,530g, 둥글리기

3 │ 냉장 휴지

16시간

4 │ 성형 공정

파이버터 750g을 3절 3회를 밀어펴기 해준 후 냉장 휴지 30분
- 가로 144cm, 세로 35cm로 밀어펴기
- 2/3 지점까지 엘리게이터 충전물 바르기
- 가로 24cm로 재단하기
- 3절 접기
- 냉동 보관
- 철판 크기로 밀기
- 반죽 도킹
- 우유물을 바른 후 7cm 간격으로 35개의 피칸 반태 올리기

5 │ 굽기

- 220/200℃ 5분
- 180/200℃ 15분
- 토핑을 골고루 발라준 후 7cm 간격으로 재단

○ **충전물 및**
　토핑물 제조

1 | 충전물 제조

2 | 충전물 완성

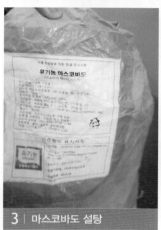

3 | 마스코바도 설탕

4 | 토핑물 제조

1/　충전물 만들기

　　① 무염버터, 설탕, 흑설탕을 믹서에 넣어 포마드 상태로 만든다.

　　② 체 친 강력분, 중력분을 섞어준다.

　　③ 분말로 만든 피칸을 균일하게 섞어주고 충전물을 완성한다.

　　④ 냉장 보관하다 사용 시 부드럽게 풀어준다.

2/　토핑물 만들기

　　① 물에 한천을 섞고 끓여준다.

　　② 물엿, 마스코바도 설탕, 흑설탕을 ①에 넣고 끓인 뒤 식힌 후 냉장 보관하며 사용한다.

① 설탕과 버터의 양이 많은 충전물은 구울 때 반죽에 충전물이 배어 나올 수 있기 때문에 강력분과 중력분을 1:1의 비율로 섞어 파이의 층 구조를 유지할 수 있도록 해줍니다.

② 엘리게이터를 구운 후에 발라주는 토핑물은 진한 갈색과 광택을 내기 위하여 흑설탕과 한천, 물엿을 사용하였습니다. 또한 비정제 유기농 마스코바도를 설탕 대신 일부 대체하여 깊이 있는 단맛을 표현했습니다.

페이스트리 파트장의 Tip

○ 반죽 및 성형

5 | 반죽 완성

6 | 3절 3회 반죽 밀어펴기

7 | 충전물 바르기

8 | 충전물 재단

9 | 3겹접기 1

10 | 3겹접기 2

3/ **반죽** : 반죽온도 27℃, 발전 단계(70%)

① 강력분, 중력분, 설탕, 천일염, 분유를 믹서에 넣는다.

② 몰트, 생이스트, 물, 계란을 넣고 발전 단계(70%)까지 믹싱한다.

4/ 분할 2,530g, 둥글리기 후 반죽을 비닐에 싸서 냉장휴지 16시간

5/ 성형하기

① 파이용 버터 600g 한 장을 준비한다.

② 밀가루 반죽을 가로×세로 각각 50cm로 밀어 편 후 파이용 버터를 충전한다.

③ 파이롤러로 밀어펴서 3절접기를 3회 반복한다.

④ 비닐로 덮어 30분간 냉장휴지 시킨다.

11 | 냉장휴지

재단 및 굽기

12 | 파이롤러 밀기

13 | 밀대 밀기

14 | 도킹하기

15 | 팬닝하기

16 | 피칸반태 올리기

17 | 굽기 완성

⑤ 휴지한 반죽을 가로 144cm, 세로 35cm로 밀어편다.

⑥ 2/3 지점까지 엘리게이터 충전물(1,550g)을 바른다.

⑦ 가로 24cm, 세로 35cm로 재단 후 3절 접기한다.

⑧ 비닐을 덮어 냉장휴지 시킨 후 파이롤러와 밀대를 사용하여 밀어편다.

⑨ 철판 크기로 밀어편 후 스파이크 롤을 굴려 구멍을 내준다.

⑩ 우유물을 바른 후 7cm 간격으로 35개의 피칸반태를 올려준다.

6/ **굽기** : 220/200℃ 5분 후 180/200℃ 15분, 토핑을 골고루 발라준 후 7cm 간격으로 재단한다.

---

① 여름에는 반죽 온도를 맞추기 위해 얼음물을 사용합니다.

② 반죽의 되기와 충전물의 되기를 같게 만들어야 파이롤러로 밀어펴기 할 때 일정하게 밀어집니다.

페이스트리 파트장의 **Tip**

05 크루아상

분할중량 1,800g **생산수량** 18개

크루아상을 국산 밀가루로 만들면 프랑스 밀가루에 비해 단백질 함량이 많고 회분 함량이 낮아 바삭함이 부족하고 굽고 난 후 빨리 눅눅해지는 단점이 있습니다. 이러한 단점을 보완하고 바삭한 크러스트가 살아있으며 버터와 반죽의 속결이 알차게 구워지는 크루아상 레시피를 제안합니다. 샌드위치 용으로도 곁들여 먹을 수 있으며 다양한 잼과 소스와 잘 어울리는 크루아상은 어디에서나 인기 품목입니다.

○ 재료

□ T-45 밀가루(프랑스산) 3,000g
□ T-55 밀가루(프랑스산) 3,000g
□ 천일염 120g   □ 드라이이스트 골드 90g
□ S-kimo 18g   □ 설탕 480g
□ 분유 300g   □ 버터 300g
□ 생크림 750g   □ 물 2,550g

○ 크루아상 작업흐름도

1 | 반죽
앞선 반죽 ➡ 본 반죽 제조(반죽온도 27℃)

2 | 분할 1,800g, 둥글리기

3 | 냉장 휴지
16시간

4 | 성형 공정
- 파이용 버터 500g을 3절 2회
- 가로 115cm, 세로 25cm로 밀기(두께 3.5mm)
- 가로 12cm, 세로 25cm 재단
- 삼각형 모양으로 재단
- 초승달 모양으로 말기

5 | 2차 발효
30℃, 75%, 50분

6 | 굽기
컨벡션 오븐 200℃ 스팀 170℃ 20분

○─ 반죽하기

1 | 액체재료 넣기

2 | 프랑스산 밀가루

3 | 반죽 확인

4 | 반죽 완성

1/　**반죽 :** 반죽온도 27℃, 발전 단계

　　① 프랑스산 밀가루 T-45, T-55, 천일염, 설탕, 분유를 믹서에 넣는다.

　　② 드라이이스트 골드, 몰트, 생크림, 물을 넣고 믹싱한다.

　　③ 클린업 단계에서 버터를 넣고 발전 단계까지 반죽하여 완성한다.

2/　분할 1,800g, 둥글리기 후 반죽을 비닐에 싸서 냉장휴지 16시간

페이스트리 파트장의 **Tip**

① 단백질 함량이 적고 회분 함량이 높은 프랑스산 강력분과 박력분이 동량으로 들어가 더욱 바삭한 크러스트를 형성합니다.

② 유제품인 버터, 분유, 생크림을 첨가하여 크루아상의 바삭함과 고소함을 더해 주었습니다.

③ 겨울에는 분할하고 1차 발효 후 냉장휴지를 시킵니다.

○─ 성형공정

| 5 | 반죽 밀어펴기 | 6 | 충전용 버터 |

| 7 | 버터 충전하기 | 8 | 버터 감싸기 |

| 9 | 밀대로 누르기 | 10 | 밀어펴서 접기 |

3/ 성형하기

① 파이용 버터 500g을 가로×세로 각각 25cm로 밀어편다.

② 밀가루 반죽을 가로×세로 각각 50cm로 밀어편 후 파이용 버터를 충전한다.

③ 반죽과 버터가 밀착될 수 있도록 밀대로 눌러준다.

---

① 냉장휴지 후 원형으로 둥글리기 했던 반죽을 손으로 눌러 사각으로 만든 후 X자로 반죽 두께의 1/2

정도 잘라 벌려주고 밀어펴면 더욱 빠르고 쉽게 성형을 할 수 있습니다.

② 크루아상이 보편화되면서 한국소비자들이 기대하는 식감과 맛의 기준이 많이 높아졌습니다. 프랑스

밀가루와 함께 프랑스 버터를 충전용으로 사용하여 프랑스 전통 크루아상의 맛을 재현해내고자 하

였습니다.

페이스트리 파트장의 **Tip**

◦─ 성형 및 굽기

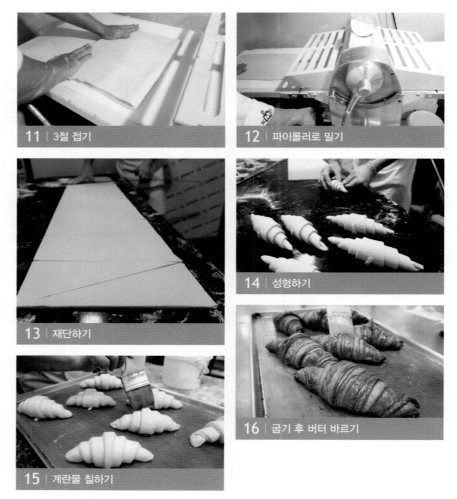

11 | 3절 접기

12 | 파이롤러로 밀기

13 | 재단하기

14 | 성형하기

15 | 계란물 칠하기

16 | 굽기 후 버터 바르기

④ 파이롤러로 밀어펴서 3절접기를 2회 반복한 후 냉장휴지 시킨다.

⑤ 가로 115cm, 세로 25cm로 밀어준다(두께 3.5mm).

⑥ 가로 12cm, 세로 25cm의 삼각형 모양으로 재단한다.

⑦ 삼각형의 밑면에서 꼭지점 방향으로 말아 크루아상 모양을 만든다.

4/　**2차 발효 :** 30℃, 75%, 50분

5/　**계란물칠 후 굽기 :** 컨벡션 오븐 200℃ 스팀 170℃ 20분, 식기 전 녹인 버터를 발라 완성

---

① 파이용 마가린에 비해 프랑스 충전용 버터는 가소성(반죽에 스며들지 않고 층을 이루며 결을 만드는
성질)이 떨어지기 때문에 3절접기를 2회만 진행하였습니다. 프랑스 버터는 결이 부족하지만 버터의
풍미가 좋아 더욱 고소하고 맛있는 크루아상을 만들 수 있습니다.

페이스트리 파트장의 **Tip**

② 데크 오븐과 다르게 컨벡션 오븐에 크루아상을 구우면 열의 대류에 의하여 크루아상 표면의 수분이
날아가 더욱 바삭한 크러스트를 형성할 수 있습니다.

06 윈나

분할중량 3,500g	생산수량 230개

담백한 페이스트리 반죽에 아마드(AHMAD) 홍차와 바카디 술을 끓여 식힌 시럽을 발라 맛의 깊이를 표현하였습니다. 냉동 생지 전용 개량제인 S-KIMO를 첨가하고 사워종을 넣어 반죽의 안정성과 발효력을 도모하였습니다. 시럽에 홍차의 풍미가 더해져 티 파티 및 이벤트에 핑거푸드로 어울릴 수 있는 빵입니다.

○ 재료

□ 강력분 12,000g   □ 설탕 960g
□ 천일염 192g   □ 분유 240g
□ S-Kimo 120g   □ 생이스트 480(350)g
□ 버터 240g   □ 몰트 120g
□ 물 6,720g   □ 사워종 1,200g

＊사워종 제조방법은 14page 참조

○ 홍차 시럽

□ 물 2,700g   □ 홍차 120g
□ 분당 4,500g   □ 바카디 2,400g

＊홍차는 전날 물에 우려 놓는다.
＊바카디를 끓인 후 분당을 넣고 다시 끓여 맑아지면 불을 끄고 우린 홍찻물을 넣어 섞는다.

○ 윈나 작업흐름도

1 | 홍차시럽 제조

2 | 반죽
앞선 반죽(사워종)
↓
본 반죽 제조(반죽온도 27℃)

3 | 분할 3,500, 둥글리기

4 | 냉장 숙성 : 16시간

5 | 성형 공정
파이용 버터 충전 1,000g 3절 3회
- 가로 90cm, 세로 30cm로 밀기
- 가로 45cm, 세로 15cm로 4등분 재단
- 냉동 후 1cm 간격 재단(개당 15g)
- 해동된 반죽에 1/2로 잘라 후랑크 소시지를 말기

6 | 2차 발효 : 30℃, 75%, 45분

7 | 굽기 : 컨벡션오븐 170℃ 20분

◌─ 홍차 시럽 제조

1 | 홍차 끓이기(전처리)

2 | 바카디 넣기

3 | 분당 섞기

4 | 찻잎 거르기

1/ 홍차 시럽 만들기

① 홍차는 전날 물에 끓여 미리 우려 놓는다.

② 바카디를 넣고 끓인 후 분당을 넣고 분당이 녹을 때까지 끓여준다.

③ 끓인 바카디, 분당에 전날 우려낸 홍차물을 넣고 식힌 후 홍차잎을 걸러서 완성한다.

페이스트리 파트장의 Tip

① 아마드의 얼그레이티는 레몬이나 라임향과 같은 상큼한 베르가못 향이 강하고, 럼의 대표적인 브랜드인 바카디 중 골드는 오크통에서 숙성되는 과정에서 독특한 바닐라 캐러멜의 향을 갖고 있어 고급스럽고 다양한 풍미를 내는 시럽 제조가 가능합니다. 윈나뿐만 아니라 다양한 페이스트리에도 굽기 후 발라주어 활용할 수 있습니다.

② 얼그레이티를 같이 끓이게 되면 찻잎이 충분히 우려나지 않고 떫은 맛이 날 수 있어 하루 전날 100℃의 팔팔 끓는 물로 우려내고 실온에서 1일간 숙성 후 섞어주는 것이 좋습니다.

○ 반죽 및 재단

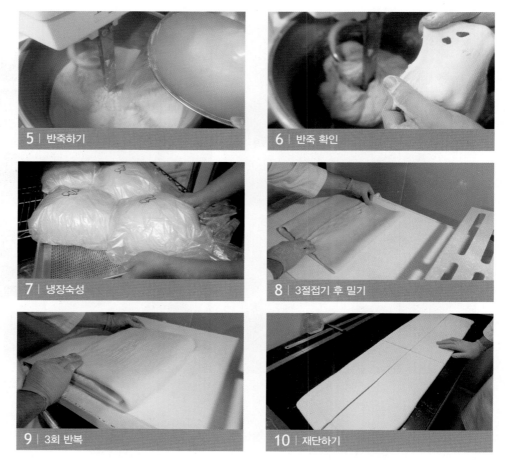

5	반죽하기	6	반죽 확인
7	냉장숙성	8	3절접기 후 밀기
9	3회 반복	10	재단하기

2/ **반죽 :** 반죽온도 27℃, 발전 단계(70%)

① 강력분, 설탕, 천일염, 분유, S-KIMO를 믹서에 넣는다.

② 생이스트, 몰트, 물, 사워종을 넣고 믹싱한다.

③ 클린업 단계에서 버터를 넣고 반죽을 완성한다.

3/ 반죽 분할 3,500g, 둥글리기 후 반죽을 비닐에 싸서 냉장 숙성 16시간

4/ **재단하기**

① 파이용 버터 1,000g을 준비한다.

② 밀가루 반죽을 가로×세로 각각 50cm로 밀어편 후 파이용 버터를 충전한다.

③ 파이롤러로 밀어펴서 3절접기를 3회 반복한다.

④ 3절접기 3회 후 가로 90cm, 세로 30cm로 밀어준다.

⑤ 가로 45cm, 세로 15cm로 4등분하여 단단하게 굳어질 때까지 냉동 보관한다.

원나의 반죽은 소시지와 함께 감싸는 반죽이기 때문에 바삭함을 줄이고 부드러운 식감을 표현하고자
밀가루 대비 버터의 함량을 낮추고 반죽대비 충전용 버터를 적게 만든 레시피입니다.

페이스트리 파트장의 **Tip**

○─ 성형 및 굽기

11	냉동한 반죽
12	반죽 자르기
13	소시지 말기
14	2차 발효
15	굽기 후 시럽 바르기
16	디스플레이

5/ 성형하기

① 냉동된 반죽을 1cm 간격으로 잘라준다(개당 15g).

② 자른 반죽을 해동 후 1/2로 자른 후랑크 소시지에 돌돌 말아준다.

6/ 2차 발효 : 30℃, 75%, 40분

7/ 굽기 : 컨벡션 오븐 170℃ 20분 후 홍차시럽을 발라준다.

① 재단할 때 반죽이 눌려 결이 붙을 수 있으므로 냉동하여 1cm 간격으로 잘라주도록 합니다.

② 후랑크소시지의 짭조름한 맛과 홍차시럽의 우아하면서도 달콤하고 깊은 풍미는 페이스트리의 느끼

함을 잡아주어 질리지 않고 한 입에 먹기도 쉬워 남녀노소 누구나 맛있게 나눠먹을 수 있는 즐거움

을 줍니다.

페이스트리 파트장의 **Tip**

07 슈크림 페이스트리

분할중량 2,160g   **생산수량** 24개

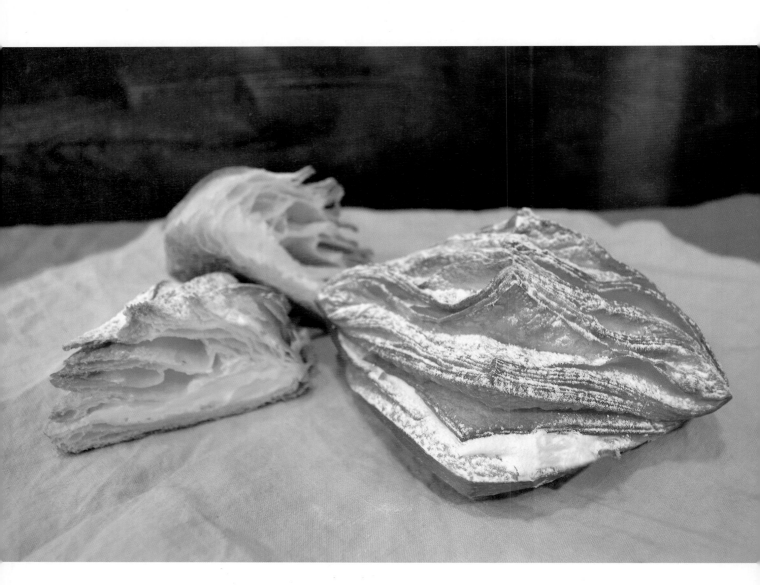

단백질 함량이 적고 회분 함량이 높은 프랑스 밀가루를 강력분의 일부분으로 대체하여 크러스트의 바삭함을 더해줍니다. 냉동 생지 전용 계량제인 S-KIMO를 첨가하여 완제품의 냉동 보관 시 변화될 수 있는 반죽의 물성을 안정시킬 수 있습니다. 수제로 만든 커스타드 크림으로 프리믹스 커스타드 크림과 차별화 하여 맛의 깊이를 한 층 더 높인 빵입니다.

◯ 재료

□ 강력분 4,800g   □ 트래디션 T65밀가루(프랑스산) 1,200g

□ 설탕 720g   □ 천일염 108g

□ S-KIMO 60g   □ 생이스트 300g

□ 버터 960g   □ 계란 1,800g

□ 우유 1,800g   □ 사워종 1,200g

* 사워종 제조방법은 14page 참조

◯ 슈크림속

□ 우유 5,000g   □ 생크림 500g

□ 황란 65개   □ 설탕 990g

□ 전분 450g   □ 버터 225g

□ 럼 50g

◯ 슈크림 페이스트리 작업흐름도

1 | 슈크림 제조

2 | 반죽

　　앞선 반죽(사워종)

　　↓

　　본 반죽 제조(반죽온도 27℃)

3 | 분할 2,160g, 둥글리기

4 | 냉장 숙성 : 16시간

5 | 성형 공정

　　– 파이용 버터 충전 500g을 3절 3회

　　– 가로 88cm, 세로 33cm로 밀기 후 냉장휴지

　　– 가로 11cm, 세로 11cm 재단

　　– 삼각형 모양으로 반 접기

6 | 2차 발효 : 30℃, 75%, 50분

7 | 굽기 : 컨벡션오븐 170℃ 18분

○― 슈크림 제조

1 | 노른자 반죽 제조

2 | 우유, 생크림 끓이기

3 | 섞어주기

4 | 버터, 럼 넣어 완성

1/ 슈크림 만들기

① 노른자를 먼저 섞고 설탕, 전분 순으로 넣어 섞는다.

② 우유와 생크림을 끓인 후 노른자 반죽에 부어 균일하게 섞는다.

③ 불에 올려 호화를 시켜 되직한 상태의 슈크림을 만든다.

④ 불에서 내린 후 버터를 넣어 잔열로 녹이고 럼을 섞어 완성한다.

시판용 커스타드 분말을 사용하는 것보다 직접 슈크림을 제조하면 더욱 깊은 맛의 특색 있는 크림을 제조할 수 있습니다. 우유의 일부를 생크림으로 대신하여 고소하고 진한 크림맛을 내고 크림 제조의 마지막 과정에서 럼을 첨가하여 다소 느끼할 수 있는 크림의 맛을 알코올의 향으로 잡아주었습니다.

페이스트리 파트장의 **Tip**

○ 반죽 및 재단

5 | 파이롤러   6 | 버터충전   7 | 반죽 버터 밀착

8 | 냉장휴지   9 | 재단하기   10 | 성형하기

2/   **반죽 :** 반죽온도 27℃, 최종 단계

① 강력분, 프랑스 밀가루, 설탕, 천일염, S-KIMO를 믹서에 넣는다.

② 생이스트, 계란, 우유, 사워종을 넣고 믹싱한다.

③ 클린업 단계에서 버터를 넣고 최종 단계까지 믹싱을 완료한다.

3/   **반죽 분할 2,160g, 둥글기기 후 반죽을 비닐에 싸서 냉장 숙성 16시간**

4/   **재단하기**

① 파이용 버터 500g을 가로×세로 각각 25cm로 밀어편다.

② 밀가루 반죽을 가로×세로 각각 50cm로 밀어편 후 파이용 버터를 충전한다.

③ 파이롤러로 밀어펴서 3절접기를 3회 반복한다.

④ 3절접기 3회 후 가로 88cm, 세로 33cm로 밀어준다.

⑤ 가로 11cm, 세로 11cm로 각각 재단 후 삼각형 모양으로 반 접어준다.

---

① 반죽에 버터를 충전한 후 손가락이나 밀대로 눌러 밀착시켜주면 파이롤러로 밀 때 반죽과 버터가 따로 밀리지 않고 함께 결이 만들어집니다.

② 가로×세로 11cm로 재단한 반죽을 반 접을 때 1cm가량 남기고 접어주면 구울 때 부채꼴 모양으로 페이스트리가 펼쳐져 중앙을 잘라 슈크림을 충전하기 좋은 형태로 만들어집니다.

페이스트리 파트장의 **Tip**

○─ 발효 및 굽기

11 │ 냉동보관	12 │ 2차 발효
13 │ 굽기 완료	14 │ 후레시-L
15 │ 크림충전	16 │ 분당 뿌리기

5/ 냉동보관 후 필요 시 냉장 해동하여 사용

6/ 2차 발효 : 30℃, 75%, 50분

7/ 계란물을 바른 후 굽기 : 컨벡션 오븐 170℃ 18분

8/ 크림 1500g과 100% 휘핑한 후레시-L 150g을 잘 섞어 페이스트리에 80g씩 각각 발라준 후 데코스노우를 적당량을 뿌리고 완성

---

① 재단한 페이스트리 반죽은 냉동보관하며 필요할 때마다 냉장해동시켜 2차 발효에 들어갑니다. 급속 해동 시에는 버터가 녹아 페이스트리에 결이 생기지 않을 수 있습니다.

② 유지방 함량이 41%인 고소한 풍미가 강한 후레시-L을 100% 휘핑하여 미리 만들어 놓은 크림과 섞어주고 페이스트리를 잘라 충전해주어서 바삭하고 부드러운 슈크림 페이스트리를 만들 수 있습니다.

페이스트리 파트장의 **Tip**

페이스트리는 반죽과 버터가 충을 이루어 바삭한 식감을 내기 때문에
차가운 상태로 유지하는 것이 중요합니다.
별도의 페이스트리 저온 작업실에서 온도를 유지하여 제작되는
페이스트리들은 더욱 바삭한 식감을 낼 수 있습니다.

베이킹 쿠키
Baking Cookie

티 타임에 커피 및 차와 함께 핑거푸드로 제안이
가능한 품목들과 선물 및 답례품으로도 활용이
가능한 아이템을 소개합니다. 카페의 사이드 메뉴로
판매가 가능할 뿐만 아니라 마카롱, 카스텔라 전문점
등에서도 참고 가능한 레시피를 담아 보았습니다.

김효진 셰프
베이킹 쿠키 파트장

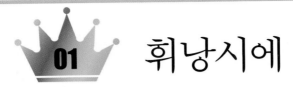

휘낭시에

생산수량 50개

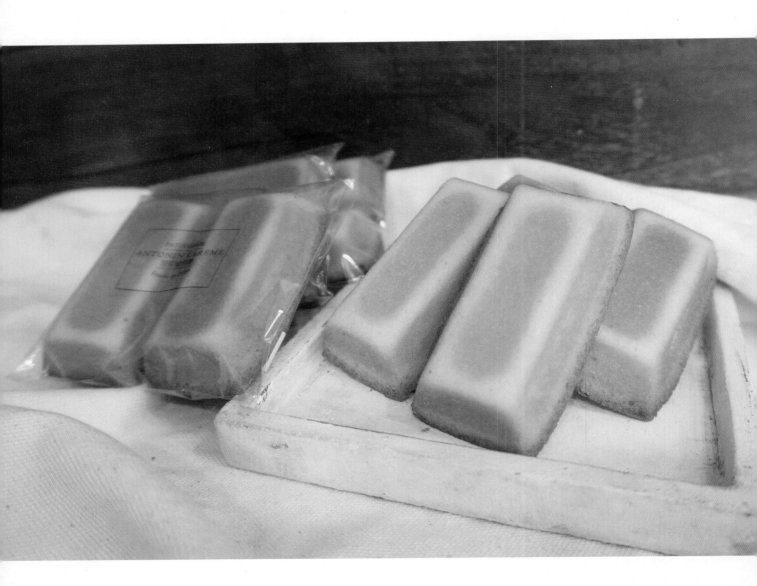

휘낭시에 제조 시 밀가루의 일부분을 아몬드 분말로, 설탕의 일부를 꿀로 대체하여 풍미가 깊고 촉촉한 식감을 표현하였습니다. 버터를 갈색으로 변할 때까지 끓여서 사용하여 캐러멜 향과 더불어 고소한 맛을 극대화 시켰습니다. 반죽 완성 후 1일 냉장 숙성을 통해 더욱 깊은 맛을 낼 수 있도록 하였습니다. 불어로 '금괴'라는 뜻의 휘낭시에는 마들렌을 대신하여 선물 및 답례품으로도 활용할 수 있는 쿠키입니다.

○- 재료

- □ 흰자 495g
- □ 설탕 510g
- □ 바닐라빈 1개
- □ 박력분 180g
- □ 천일염 3g
- □ 꿀 27g
- □ 아몬드 분말 180g
- □ 버터 480g

○- 휘낭시에 작업흐름도

1	버터 태우기
2	흰자, 설탕 꿀 섞기
3	아몬드 분말, 박력분 섞기
4	태운 버터 섞기
5	냉장 숙성 후 휘낭시에 틀에 팬닝
6	굽기

180/160℃ 15~18분

○─ 반죽하기

1 | 버터 태우기

2 | 흰자, 꿀 섞기

3 | 가루재료 섞기

4 | 버터 체 거르기

1/ 반죽 만들기

① 버터를 냄비에 넣고 갈색으로 변할 때까지 끓인다.

② 흰자에 설탕, 꿀을 넣어 휘퍼로 가볍게 섞어준다.

③ 체 친 아몬드 분말, 박력분을 균일하게 혼합하여 ②에 섞어준다.

④ 태운 버터를 체에 걸러주고 45℃까지 식혀준다.

① 버터를 갈색으로 변할 때까지 태우게 되면 버터 고유의 향이 캐러멜화되어 풍미가 좋아지고 식힌 후
에도 잘 굳지 않게 되어 반죽에 넣고 구워 내면 더욱 부드러운 식감을 느낄 수 있습니다.

② 흰자, 설탕, 꿀을 지나치게 휘핑하면 휘낭시에 반죽 표면에 기포가 많이 형성되어 표면이 매끄럽지
않게 되기 때문에 가볍게 섞어줍니다.

③ 버터의 단백질을 태우는 과정에서 응고되어 덩어리가 생기기 때문에 반드시 체에 걸러 줍니다.

④ 아몬드 분말에 지방이 50%가량 들어있어 흰자반죽에 넣을 때 박력분과 균일하게 체를 쳐서 넣어야
덩어리지지 않고 잘 섞입니다.

베이킹 쿠키 파트장의 **Tip**

○ 굽기 및 완성

5 | 반죽과 버터 섞기

6 | 냉장 숙성

7 | 버터 바르기

8 | 반죽 팬닝

9 | 굽기

10 | 굽기 완성

2/ 45℃까지 식힌 버터와 반죽을 휘퍼로 잘 섞기

3/ 완성된 반죽은 냉장고에 12시간 이상 숙성시키기

4/ 팬닝하기 : 휘낭시에 틀에 용해버터를 바르고 짤주머니에 반죽을 담아 틀의 80%까지 팬닝한다.

5/ 굽기 : 180/160℃ 15~18분

① 태운 버터의 온도가 너무 높으면 아몬드 분말의 기름이 배어 나오거나 박력분의 단백질이 엉겨 글루텐이 형성될 수 있기 때문에 45℃까지 식힌 후 반죽과 섞어줍니다.

② 반죽을 냉장고에 숙성시키면 버터를 태운 후 구조가 깨진 유지방을 냉장 숙성하는 과정에서 다른 재료들과 균질화가 이루어지고 굽기 시 조화롭고 안정된 맛을 낼 수 있습니다.

③ 휘낭시에 틀에 버터를 이형제로 바르면 버터가 태워지면서 휘낭시에에 향이 더욱 배는 효과가 있습니다.

베이킹 쿠키 파트장의 **Tip**

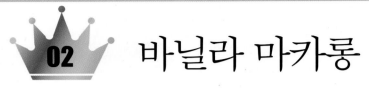

바닐라 마카롱

생산수량 샌드 후 120개

마카롱 크림 제조 시 우유버터와 무가당 생크림을 베이스로 해 단 맛을 줄여 마카롱 크러스트의 강한 단맛과 조화를 이루도록 하고 크림의 특징을 살리기 위해 마라카이보 화이트 초콜릿을 넣어 제조하였습니다. 안정된 반죽을 만들 수 있는 이탈리안 머랭법을 채택하였습니다. 마카롱은 디저트를 뛰어넘어 각종 이벤트에 선물 및 답례품으로도 제안할 수 있는 아이템입니다.

◐ 마카롱 반죽 레시피 재료

□ 아몬드 분말 675g □ 분당 563g
□ 흰자 225g □ 바닐라빈 2개
□ 이탈리안 머랭 전량

◐ 이탈리안 머랭 레시피 재료

□ 중량흰자 248g □ 설탕 675g
□ 물 150g

◐ 바닐라 가나슈 레시피 재료

□ 화이트 초콜릿 365g □ 무가당 생크림 250g
□ 물엿 70g □ 바닐라빈 1개
□ 무염버터 105g □ 럼 30g

◐ 바닐라 마카롱 작업흐름도

| 1 | 바닐라 크림 제조 후 냉장보관 |

| 2 | 이탈리안 머랭 제조 |

| 3 | 가루재료와 섞으며 마카로나주 |

| 4 | 마카롱 짜기 후 건조시키기 |

| 5 | 바닐라 크림 반죽 완성 |

| 6 | 굽기 |
130/130℃, 13분 후 바닐라 가나슈 크림 샌드

○─ 바닐라 가나슈 제조

| 1 | 바닐라빈 넣고 생크림 끓이기 | 2 | 화이트 초콜릿 섞기 |

| 3 | 럼 넣어서 섞기 | 4 | 냉장 보관 |

1/ 바닐라 가나슈 만들기

① 생크림, 물엿 바닐라빈을 넣고 끓인다.

② 화이트 초콜릿에 끓인 생크림을 넣고 잠시 두어 초콜릿이 녹기 시작하면 섞는다.

③ 버터를 크림화 시킨다.

④ 크림화 시킨 버터에 ②를 넣고 유화시킨다.

⑤ 럼을 넣고 섞은 가나슈는 실온에서 식힌 후 냉장고에 넣고 숙성시키면서 굳혀 사용한다.

베이킹 쿠키 파트장의 **Tip**

① 마카롱은 달다는 인식이 강하여 부담을 느끼는 고객들이 많기 때문에 마카롱 크림에 설탕 대신 물엿을 첨가하고 카카오 함량 55%인 마라카이보사의 화이트 초콜릿을 바닐라 가나슈에 넣어 은은하면서도 부드러운 단맛의 바닐라 가나슈를 제조하였습니다.

② 천연 향신료인 바닐라빈을 넣어 일반 인공 바닐라향에 비해 너무 강하지 않으면서도 은은하게 전체적인 맛과 향을 끌어올려 바닐라 가나슈의 풍미를 한층 풍부하게 만들어 줍니다. 바닐라빈의 씨앗은 가열 후에도 검은 점처럼 크림에 남아있기 때문에 바닐라빈이 들어간 것을 육안으로도 확인할 수 있습니다.

○– 마카롱 반죽 제조

5 | 이탈리안 머랭

6 | 머랭 완료점

7 | 마카로나주

8 | 마카로나주 완성

9 | 마카롱 짜기

10 | 완성

2/ 이탈리안 머랭 만들기

① 소형 믹서기에 흰자를 넣고 60% 이상 휘핑한다.

② 설탕과 물 시럽을 118℃까지 끓여 휘핑하고 있는 믹서기에 조금씩 섞어준다.

③ 중속으로 실내온도와 비슷해질 때까지 머랭을 휘핑하여 완성한다.

3/ 체 친 아몬드 분말과 분당에 흰자를 균일하게 섞기

4/ 완성된 머랭을 세 차례로 나누고 그 중 1/3을 **3**과 잘 섞은 후, 나머지 2/3를 넣고 섞어 표면이 윤기가 나도록 마카로나주 하기

5/ 완성된 마카롱 반죽을 짤주머니에 넣고 원형으로 균일하게 짜기

6/ 윗면을 만졌을 때 손에 묻어나지 않을 정도로 약 20~30분간 실온에서 건조시키기

7/ 굽기 : 130/130℃, 13분 후 바닐라 가나슈 크림 샌드

---

① 마카롱을 짜기 전 반죽을 짤주머니에 담을 때 짤주머니 크기의 반 정도만 남도록 합니다. 짜는 동안 손의 온도로 인해 마카롱 반죽이 쉽게 녹아 질어질 수 있으므로 여러 번에 걸쳐 나눠 담으며 마카롱을 짜줍니다.

② 이탈리안 머랭을 베이스로 제조한 마카롱은 작업이 좀 더 번거로운 단점이 있지만 프렌치머랭보다 설탕량이 많고 단단하며 식감이 더욱 쫀득하고 제조 과정에서 포인트를 잘 지켜주면 안정된 마카롱을 만들 수 있다는 장점이 있습니다.

베이킹 쿠키 파트장의 **Tip**

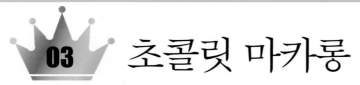

03 초콜릿 마카롱

생산수량 샌드 후 100개

마카롱 크림 제조 시 우유버터와 무가당 생크림을 베이스로 해 단맛을 줄여 마카롱 크러스트의 강한 단맛과 조화를 이루도록 하고 크림의 특징을 살리기 위해 마라카이보 다크 초콜릿을 넣어 제조하였습니다. 안정된 반죽을 만들 수 있는 이탈리안 머랭법을 채택하였습니다. 마카롱은 디저트를 뛰어넘어 각종 이벤트에 선물 및 답례품으로도 제안할 수 있는 아이템입니다.

◐ 마카롱 반죽 레시피 재료

□ 흰자 225g　　　　□ 아몬드 분말 675g
□ 분당 562g　　　　□ 카카오매스 270g
□ 레드색소 10g　　　□ 이탈리안 머랭 전량

◐ 이탈리안 머랭 레시피 재료

□ 흰자 248g　　　　□ 설탕 645g
□ 물 247g

◐ 초콜릿 가나슈 레시피 재료

□ 무가당 생크림 400g　　□ 마라카이보 초콜릿 360g
□ 카카오매스 40g　　　　□ 무염버터 140g

◐ 초콜릿 마카롱 작업흐름도

| 1 | 가나슈 크림 제조 후 냉장보관 |

| 2 | 이탈리안 머랭 제조 |

| 3 | 카카오메스 녹여 색소혼합 후 머랭과 섞기 |

| 4 | 마카롱 짜기 후 건조시키기 |

| 5 | 가나슈 크림 반죽 완성 |

| 6 | 굽기 |
130/130℃, 13분 후 초콜릿 가나슈 크림 샌드

○─ 준비하기

| 1 \| 가루 체치기 | 2 \| 실리콘페이퍼 |
| 3 \| 118℃ 시럽 끓이기 | 4 \| 식용 색소 |

1/ 마카롱 제조 준비

① 아몬드 분말과 분당을 균일하게 혼합하여 준비한다.

② 구멍이 일정하게 원형으로 뚫린 실리콘페이퍼 위에 실리콘페이퍼를 깔아 준비한다.

③ 시럽을 끓일 동냄비를 준비한다.

④ 식용색소 레드를 준비한다.

① 아몬드 분말의 지방이 50%이므로 흰자와 잘 섞이지 않기 때문에 분당과 미리 섞어 머랭과 혼합이 잘 되도록 해줍니다.

② 시럽을 끓일 때 동냄비를 사용하면 바닥이 두꺼워 열이 동일하게 올라오고 열전도율이 높아 빨리 끓일 수 있는 장점이 있습니다. 바닥이 얇은 냄비를 사용하게 되면 열 전달이 일정하지 않아 쉽게 탈 수 있으므로 주의해야 합니다.

③ 좀 더 진하고 밝은 초콜릿 마카롱의 색을 내기 위하여 식용색소 레드를 반죽에 섞어 주었습니다.

베이킹 쿠키 파트장의 **Tip**

○ 가나슈 크림 제조

5 | 재료 준비

6 | 생크림 끓이기

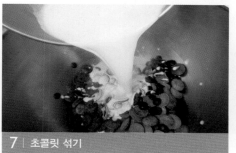
7 | 초콜릿 섞기

8 | 버터 녹이기

9 | 초코 가나슈

2/ 생크림을 끓여 마라카이보 초콜릿과 카카오매스에 넣고 섞기

3/ 포마드상태의 버터를 넣고 섞기

4/ 초콜릿 가나슈 반죽은 냉장보관하며 식히기

5/ 마카롱 굽기 후 샌드하기

① 초콜릿 가나슈 반죽 제조 시 끓인 우유를 초콜릿에 넣고 섞을 때와 버터를 녹일 때, 휘퍼 대신 실리콘주걱을 사용하여 기포가 생성되지 않도록 합니다. 반죽을 냉장보관 했다가 필요 시 사용하기 때문에 기포가 많을 경우 보존성이 떨어집니다.

② 휘핑한 동물성 생크림은 온도에 민감하기 때문에 가나슈를 충분히 냉각시킨 후 혼합하도록 합니다.

베이킹 쿠키 파트장의 Tip

마카롱 반죽 제조

10	이탈리안 머랭	11	카카오매스 섞기
12	머랭 섞기	13	반죽 완료
14	마카롱 짜기	15	굽기 후 샌드

6/ 이탈리안 머랭 만들기

① 소형 믹서기에 흰자를 넣고 60% 이상 휘핑한다.

② 설탕과 물 시럽을 118℃까지 끓여 휘핑하고 있는 믹서기에 조금씩 섞어 준다.

③ 중속으로 실내온도와 비슷해질 때까지 머랭을 휘핑하여 완성한다.

7/ 체 친 아몬드 분말과 분당에 흰자를 균일하게 섞어주고 레드 색소와 중탕한 카카오매스 섞기

8/ 완성된 머랭을 세 번에 나눠 반죽과 섞으며 표면이 윤기가 나도록 마카로나주 하기

9/ 완성된 마카롱 반죽을 짤주머니에 넣고 원형으로 균일하게 짜기

10/ 윗면을 만졌을 때 손에 묻어나지 않을 정도로 약 20~30분간 실온에서 건조하기

11/ 굽기 : 130/130℃, 13분 후 초콜릿 가나슈 크림 샌드

마카로나주를 할 때 적당한 질기를 확인하기 위해서 반죽을 주걱으로 들었을 때 계단모양이 형성되고 윤기가 나면 마카롱 반죽을 완성하도록 합니다.

베이킹 쿠키 파트장의 **Tip**

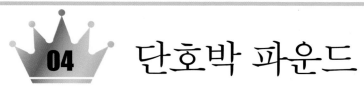

04 단호박 파운드

생산수량 20개

충전물로 단호박과 더불어 호박 분말, 슬라이스 밤, 호두를 밀가루와 동일하게 많은 양을 투입하여 풍부한 단호박과 견과류의 맛을 표현하였습니다. 충전물이 밑으로 가라앉는 것을 방지하고 조화로운 식감을 위하여 중력분을 사용하였습니다. 연령대가 있는 고객님들의 입맛에 맞추어 단호박과 호두 등 견과류를 넣어 고소한 맛을 선사하는 파운드 케이크 입니다.

○─ 재료

□ 버터 1,800g □ 설탕 2,250g
□ 계란 2,070g □ 노른자 380g
□ 중력분 2,100g □ 베이킹파우더 4g
□ 분유 80g □ 호박 분말 100g
□ 단호박 1,400g □ 슬라이스 밤 600g
□ 호두분태 750g □ 럼 224g

○─ 단호박 전처리

□ 단호박 1,500g □ 물 1,000g
□ 설탕 750g

○─ 단호박 파운드 작업흐름도

1 | 단호박 전처리

2 | 버터, 설탕 크림화

3 | 계란 나눠 넣으며 크림화

4 | 가루재료 넣기

5 | 충전물 혼합

6 | 파운드틀 600g씩 팬닝

7 | 굽기
200/160℃ 15분 후 충전물 올려 165/160℃ 30분

○─ **충전물 제조**

| 1 | 단호박 썰기 | 2 | 시럽 끓이기 |
| 3 | 단호박 넣기 | 4 | 단호박 익히기 |

1/ 　**충전물 만들기**

　　① 단호박을 슬라이스 해주고 물과 설탕을 끓여 시럽을 만든다.

　　② 슬라이스한 단호박을 시럽에 넣고 뚜껑을 덮어준다.

　　③ 중간중간 섞어주며 80% 가량 익힌다.

---

① 단호박을 일반 물에 삶게 되면 반죽에 충전물로 들어갔을 때 다른 충전물들과 섞여 맛을 제대로 느
　낄 수 없기 때문에 시럽에 졸여 단 맛이 단호박에 배도록 해줍니다.

② 단호박을 구울 때 80%정도까지만 익혀 단호박이 더 익혀져서 물러지지 않도록 합니다. 또한 삶는
　동안 뚜껑을 덮어주고 5분 간격으로 저어주어 단호박이 골고루 익혀지고 일부가 물러지지 않도록
　삶아줍니다.

베이킹 쿠키 파트장의 **Tip**

○ 반죽 및 팬닝

5	버터 크림화	6	계란 넣기
7	충전물 투입	8	팬닝하기
9	윗면 고르기	10	굽기

2/ 반죽하기

① 버터, 설탕을 휘핑하여 100%까지 크림화한다.

② 계란과 노른자를 3, 4회 나누어 넣으면서 부드러운 크림상태를 만든다.

③ 중력분, 베이킹파우더, 탈지분유, 호박 분말을 체 친 후 넣는다.

④ 삶은 단호박, 밤, 호두분태, 럼을 넣고 균일하게 섞어 반죽을 완성한다.

3/ 팬닝하기

① 짤주머니에 반죽을 담아 파운드 틀에 600g씩 짠다.

② 고무주걱으로 중앙은 약간 오목하게 해주며 윗면을 고르게 해준다.

4/ 굽기 : 200/160℃ 15분

① 유화제와 마가린 대신 버터와 계란 노른자로 충분히 크림화를 시켜 단호박 파운드의 부피 팽창을 도와주도록 합니다.

② 단호박 파운드는 충전물이 밀가루보다 많기 때문에 박력분 대신 중력분을 사용하여 굽기 후 제품이 꺼질 수 있는 단점을 보완하였습니다.

베이킹 쿠키 파트장의 **Tip**

◦ 굽기

11 | 구운 파운드 칼집내기

12 | 충전물 충전

13 | 다시 굽기

14 | 틀에서 빼기

15 | 굽기 완성

16 | 미로와 바르기

5/ **굽기** : 200/160℃ 15분 후 충전물을 올려 165/160℃ 30분 굽고 미로와 바르기
① 200/160℃ 오븐에 넣고 15분 후 윗면이 진한 갈색을 띠면 오븐에서 꺼낸다.
② 중간 부분에 칼집을 내고 밤, 건자두, 단호박 슬라이스를 윗면에 올려준다.
③ 오븐 온도를 165/160℃로 낮추고 30분간 더 굽는다.
④ 완성 후 미로와를 윗면에 발라 광택을 내주고 완성한다.

① 높은 온도에서 빠르게 윗면을 착색시키고 가운데를 갈라 충전물을 올려주면 터짐을 자연스럽게 유도하고 충전물이 윗면에서 구워지며 더욱 먹음직스러운 형태로 만들 수 있습니다.
② 단호박, 건자두, 밤, 호두 등 다양한 재료들이 들어가 건강한 맛을 느낄 수 있으며, 주로 연령대가 있는 소비자들이 입맛을 사로잡는 동시에 선물용 파운드 케이크로 제안할 수 있는 레시피입니다.

베이킹 쿠키 파트장의 **Tip**

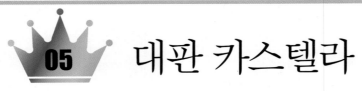

05 대판 카스텔라

생산수량 2판

카스텔라 전용 오븐의 가장 큰 특징인 증기압을 이용하는 방식을 일반 데크 오븐에서도 구현할 수 있는 방법을 제시합니다. 우유와 같이 먹어야만 했던 기존 카스텔라의 식감과 질감을 개선하기 위하여 설탕의 일부분을 물엿과 꿀로 대신하였습니다. 껍질이 얇고 촉촉하며 부드러운 맛이 특징인 일본 카스텔라를 한국적인 스타일로 재해석하여 맛있는 간식으로 제안할 수 있습니다.

○― 재료

□ 계란 2,838g   □ 설탕 2,238g
□ 물엿 312g   □ 물 210g
□ 꿀 210g   □ 박력분 1,200g

○― 대판 카스텔라 작업흐름도

1 │ 계란 중탕 후 믹서 휘핑

2 │ 대판에 종이 재단

3 │ 물과 꿀을 중탕하여 휘핑 중인 계란에 넣기

4 │ 가루재료 섞기

5 │ 손으로 완전히 섞임 체크하기

6 │ 굽기 180/140℃ 15~20분, 색 나면 중탕, 140/180℃ 85분

○ 반죽하기

1 | 계란 중탕   2 | 체에 거르기

3 | 휘핑 시 온도 유지   4 | 종이 재단

1/ 반죽하기

① 계란과 물엿, 설탕을 섞으며 43℃로 중탕한다.

② ①을 체에 걸러 믹서에 넣고 휘핑기로 거품이 올라올 때까지 휘핑한다.

③ 휘핑 시 온도가 급격하게 떨어지지 않도록 50℃ 정도의 물을 받쳐준다.

2/ 대판에 유산지를 재단하여 깔기

카스텔라 반죽을 만들면서 준비한다.

① 반죽에 들어가는 계란과 설탕을 중탕하여 거품을 올리면 반죽 속에 기포가 많이 포집되고 설탕의 용해도가 좋아 구웠을 때 껍질 색이 균일하게 나게 됩니다.

② 중탕한 계란, 설탕은 믹서에 넣기 전 체에 걸러 알끈을 제거하면 더욱 부드럽고 조직이 촘촘한 카스텔라를 만들 수 있습니다.

베이킹 쿠키 파트장의 **Tip**

o─ 반죽 및 팬닝

5 | 꿀과 물 43℃ 중탕하기

6 | 반죽에 넣기

7 | 저속 휘핑

8 | 가루재료 넣기

9 | 반죽 완성

10 | 팬닝하기

3/   반죽 및 팬닝

① 꿀, 물을 중탕해서 녹여준다.

② 60~70% 정도 거품이 올라온 반죽에 ①을 섞어준다.

③ 거품이 올라와 휘퍼를 따라 무늬가 생기면 저속으로 휘핑하며 기포를 균질화 시킨다.

④ 체 친 가루재료를 넣고 저속으로 섞어준 후 손으로 충분히 거품을 가라앉혀 준다.

⑤ 종이를 재단해 놓은 대판에 3,200g씩 2판에 팬닝한다.

베이킹 쿠키 파트장의 **Tip**

① 거품이 올라온 반죽에 가루재료를 넣을 때 저속으로 휘핑하며 균일하게 섞이도록 합니다.

② 기계로 완성된 반죽에 가루가 균일하게 섞였는지 확인하고 마지막에 손으로 저어주면서 거품을 가라앉혀 줍니다.

③ 반죽의 일부분을 떼어 내 리본무늬를 그렸을 때 무늬가 서서히 사라지면 반죽이 완성된 것입니다.

○ 굽기

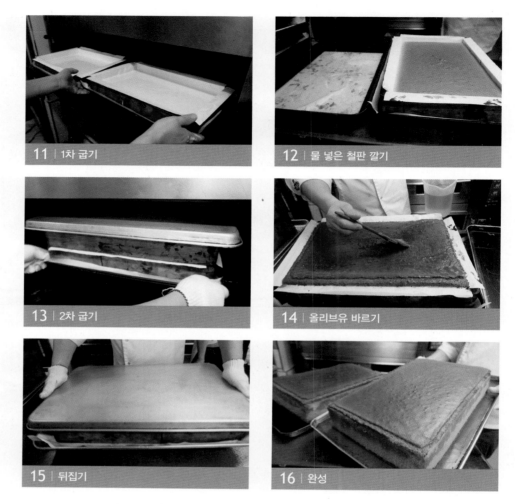

11	1차 굽기	12	물 넣은 철판 깔기
13	2차 굽기	14	올리브유 바르기
15	뒤집기	16	완성

4/   1차 굽기 : 180/140℃ 15~20분

5/   윗면의 색이 진해지면 철판에 유산지를 깔고 물을 1/5정도 부은 후 대판 포개기

6/   2차 굽기 : 140/180℃ 85분

7/   굽기가 완료된 카스텔라는 윗면에 올리브유를 바르고 철판을 올려 뒤집어 빼내기

---

① 촉촉하고 부드러운 식감이 생명인 카스텔라는 장시간 구워내야 하는데 처음부터 온도를 낮게하여
   오랜 시간 구우면 겉껍질 색이 잘 나지 않아 2차로 나누어 굽기를 진행하였습니다.

② 2차 굽기 시 철판에 물을 넣어 중탕으로 오랜 시간 구워주면 온도가 급격하게 올라가지 않고 수분이
   많아 촉촉하고 부드러운 카스텔라를 만들 수 있습니다.

베이킹 쿠키 파트장의 **Tip**

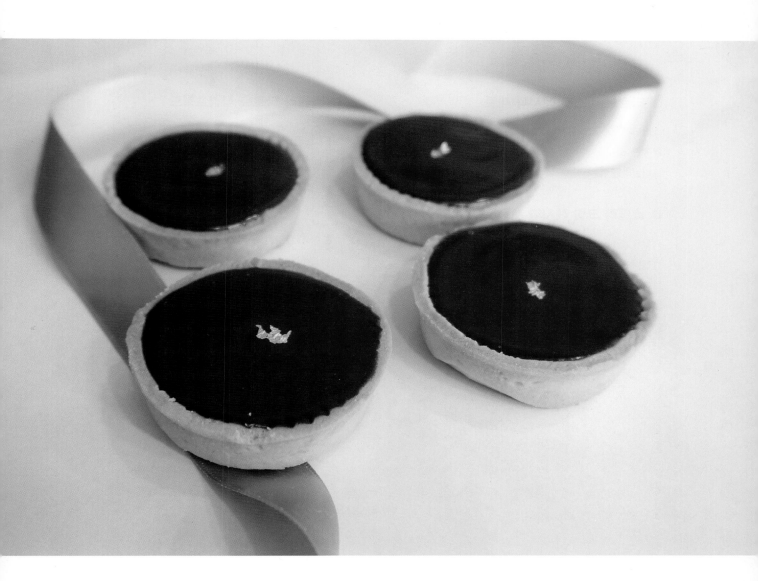

커스터드 크림 제조를 베이스로 다크초콜릿의 일부를 밀크초콜릿으로 대체하여 좀 더 부드러운 초코 커스타드 크림을 만들었습니다. 구운 미니 타르트에 블루베리 잼, 초코 시트를 넣어 좀 더 다양한 맛과 식감을 제안하는 타르트입니다. 블루베리의 새콤함과 초코 커스타드의 부드러운 단맛, 시트의 식감을 한 입에 모두 느낄 수 있어 마치 미니 케이크를 먹는 듯한 느낌을 줍니다.

○─ 타르트 비스킷 레시피 재료

□ 버터 3,000g   □ 설탕 2,000g

□ 계란 20개   □ 박력분 6,000g

□ 바닐라향 10g

○─ 쇼콜라 크림 레시피 재료

□ 우유 625g   □ 생크림 375g

□ 설탕 30g   □ 황란 160g

□ 다크 초콜릿 750g   □ 밀크 초콜릿 250g

□ 블루베리 잼 300g

○─ 쇼콜라 타르트 작업흐름도

| 1 | 쇼콜라 크림 제조 |

| 2 | 타르트 반죽 제조(냉장 보관 : 12시간) |

| 3 | 타르트 반죽 굽기 |
컨벡션 오븐 170℃ 20분

| 4 | 쇼콜라 크림 필링 |

| 5 | 냉동 보관 |

| 6 | 굽기 |
210/150℃ 5분

쇼콜라 크림 제조

1 | 노른자, 설탕 섞기

2 | 크림 끓이기

3 | 초콜릿 혼합

4 | 쇼콜라 크림 완성

1/ 쇼콜라 크림 만들기

① 우유와 생크림을 혼합한다.

② 노른자와 설탕을 잘 섞어 체에 걸러준다.

③ ①에 ②를 넣고 잘 섞어준다.

④ ③을 중불에서 바닥이 타지 않게 실리콘 주걱으로 잘 저으면서 끓여 준다.

⑤ 크림이 걸죽해지면 불에서 내린다.

⑥ 다크 초콜릿과 밀크 초콜릿을 혼합한 것에 ⑤를 넣어 초콜릿이 완전히 녹고 윤기가 날 때까지 혼합하여 쇼콜라 크림을 완성한다.

① 노른자를 풀고 설탕을 섞어서 지방 덩어리가 생기지 않도록 하여 체에 걸러주면 노른자 막을 제거하고 균일한 식감의 크림을 만들 수 있습니다.

② 중불에서 바닥이 타지 않게 실리콘 주걱으로 저어 주고 거품이 많이 일어나지 않도록 합니다.

베이킹 쿠키 파트장의 Tip

○━ **반죽 및 발효**

5 | 계란 넣기

6 | 타르트피 완성

7 | 타르트피 팬닝

8 | 재단하기

9 | 누름용 팥 얹기

10 | 굽기 완성

2/ **타르트 비스킷 반죽 만들기**

① 비터를 사용하여 버터를 유연하게 하고 설탕을 넣어 혼합한다.

② 계란을 두 번에 나누어 넣으며 부드럽게 섞어준다.

③ 체 친 박력분을 넣고 섞어 반죽을 완성한다.

④ 한 덩이로 뭉쳐 비닐에 감싼 후 냉장휴지(12시간)하여 필요 시 사용한다.

3/ **타르트피 팬닝 및 재단** : 파이롤러로 3mm 두께로 민 후 링 성형기로 찍은 반죽을 미니틀에 팬닝한다.

4/ **타르트피를 틀에 넣고 스크래퍼로 가장자리 재단**

5/ **누름용 팥을 얹고 컨벤션 오븐에 굽기** : 170℃ 20분

---

① 타르트 반죽에는 많은 양의 버터가 들어가기 때문에 반죽이 완성되면 냉장에서 휴지를 시키며 버터 의 지방과 다른 재료들이 균질화되며 성형하기 쉬운 상태로 안정될 수 있도록 해줍니다.

② 타르트피는 가장자리와 밑면에 갈색이 날 때까지 구워 냉장보관하면 쇼콜라 타르트와 에그 타르트 의 필링을 제조 후 판매 시 필요한 수량만큼 속을 채우고 굳혀 판매가 가능합니다.

베이킹 쿠키 파트장의 **Tip**

◦ 필링 및 완성

11 블루베리 잼 짜기	12 초코 스펀지 재단
13 초코 스펀지 얹기	14 쇼콜라 크림 필링
15 냉동에 굳히기	16 디스플레이

6/ 블루베리 잼을 짤주머니에 담고 바닥에 10g 짜기

7/ 후랑보아즈 시트를 지름 7cm 커터로 재단

  *후랑보아즈 시트 제조방법은 298page 참조

8/ 타르트 안에 초코 스펀지를 얹고 제조한 쇼콜라 크림 필링

9/ 냉동고에서 2시간 이상 굳힌 후 필요 시 약간 굽기

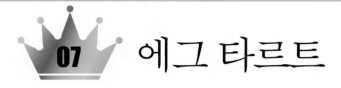

에그 타르트

생산수량 40개

바삭한 식감은 부족하지만 밀크향과 고소한 맛이 강한 버터를 타르트 반죽에
사용하였습니다. 일반적인 커스타드 크림과 차별점을 두기 위해서 바닐라빈,
꿀, 크림치즈, 레몬즙을 첨가하였습니다. 우유, 달걀, 버터가 많이 들어간 에
그 타르트는 성장기 어린이들에게 훌륭한 간식으로 제안할 수 있습니다.

◐─ 에그 크림 레시피 재료

□ 계란 6ea   □ 노른자 8ea

□ 설탕 250g   □ 꿀 20g

□ 전분 100g   □ 우유 1,300g

□ 바닐라빈 1/2   □ 크림치즈 500g

□ 버터 200g   □ 럼 76g

□ 레몬즙 30g   □ 블루베리 잼 400g

＊쇼콜라 타르트와 타르트 반죽 제조 동일
　202page 참조

◐─ 에그 타르트 작업흐름도

1 | 타르트 반죽 제조

2 | 타르트 반죽 굽기
　컨벡션 오븐 170℃ 20분
　＊쇼콜라 타르트 참조

3 | 에그 크림 제조

4 | 에그 크림 필링

5 | 냉동 굳히기

6 | 굽기
　컨벡션 오븐 230℃ 5분

○─ 에그 크림 제조

1 │ 재료 섞기

2 │ 끓인 우유 넣기

3 │ 포마드 버터, 크림치즈 넣기

4 │ 잘 섞기

1/ 에그 크림 만들기

① 우유와 바닐라빈 씨를 긁어 넣은 것을 끓인다.

② 계란, 노른자, 설탕을 넣고 섞은 뒤 꿀과 전분을 다시 넣고 덩어리가 지지 않게 잘 섞어준다.

③ ②에 끓인 우유를 천천히 넣어 가면서 섞어준다.

④ 끓인 우유를 ②에 넣고 직불로 호화시킨 후 버터, 크림치즈, 럼, 레몬즙 순으로 넣고 덩어리가 없어질 때까지 잘 섞는다.

---

① 크림치즈와 버터는 포마드 상태로 만들어 섞어준 후 불에 올려 섞어야 분리현상이 일어나지 않고 잘 섞일 수 있습니다.

② 섞은 에그 크림을 불에 올려 휘퍼로 저을 때, 천천히 젓게 되면 가장자리와 바닥이 탈 수 있으므로 주의하면서 걸죽한 상태의 크림을 만듭니다.

베이킹 쿠키 파트장의 **Tip**

○─ 필링 및 굽기

| 5 | 냉장 보관 | 6 | 풀어주기 | 7 | 블루베리 잼 짜기 |
| 8 | 크림 짜기 | 9 | 냉동하기 | 10 | 굽기 후 디스플레이 |

2/ 필링하기

① 완성된 크림은 냉장고에서 식힌다.

② 사용 전 에그 크림은 휘퍼로 부드럽게 풀어준다.

③ 블루베리 잼을 10g씩 틀에 조금씩 짜준다.

④ 에그 크림을 타르트피에 볼륨감 있게 짜준다.

3/ 냉동고에서 2시간 이상 굳힌 후 필요 시 약간 굽기

---

① 에그 크림은 냉장보관하는 동안 불에 올려 호화시켰던 재료들이 안정된 상태로 숙성되어 더욱 깊은 맛을 내게 됩니다. 사용하기 전에는 반드시 휘퍼로 다시 풀어주어 필링하기 좋은 상태로 만들어 줍니다.

② 에그 크림을 냉동시켜 굽기 시, 높은 온도에 크림이 흘러내리지 않고 굳은 형태를 유지하며 구워질 수 있도록 합니다. 컨벡션 오븐의 팬 회전으로 수분을 날리며 구우면 냉동했던 에그 크림에서 물이 생기지 않고 겉면이 살짝 굳은 상태의 에그 타르트를 만들 수 있습니다.

베이킹 쿠키 파트장의 **Tip**

08 수플레

생산수량 80개

설탕은 줄이고 크림치즈와 우유크림을 듬뿍 넣어 새콤함과 고소함을 더욱 풍부하게 표현한 수플레입니다. 머랭의 70%정도까지만 휘핑하여 낮은 밀도로 진한 식감과 맛을 담고 있습니다. 치즈케이크를 선호하는 고객님들의 입맛에 맞추어 한 입에 간편하게 먹을 수 있도록 제안할 수 있습니다.

○― 재료

□ 크림치즈 2,016g □ 생크림 1,350g
□ 박력분 60g □ 우유 484g
□ 노른자 403g □ 설탕 242g
□ 바닐라에센스 8g □ 흰자 403g
□ 설탕 202g

○― 수플레 작업흐름도

1 | 크림치즈 반죽 제조

2 | 머랭 70%까지 휘핑하기

3 | 머랭과 크림치즈 반죽과 섞기

4 | 수플레 반죽 팬닝하기

5 | 굽기
180/140℃ 15분 구운 후 120/140℃ 60분

○─ **반죽하기**

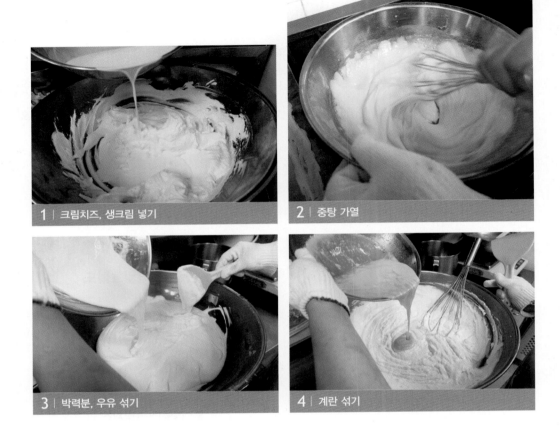

1 | 크림치즈, 생크림 넣기

2 | 중탕 가열

3 | 박력분, 우유 섞기

4 | 계란 섞기

1/ **반죽 만들기**

① 크림치즈를 손으로 풀어준 뒤, 생크림을 조금씩 섞으며 핸드거품기로 풀어주고 50℃로 중탕 가열한다.

② 박력분에 우유를 조금씩 섞으며 풀어준 뒤 크림치즈와 섞는다.

③ 황란, 설탕을 섞은 뒤 크림치즈와 섞는다.

① 생크림과 크림치즈를 50℃로 따뜻하게 데워주고 섞어야 식감과 질감이 고른 상태의 수플레를 만들 수 있습니다.

② 박력분을 찬 우유와 섞을 때 덩어리가 지지 않도록 거품기로 잘 섞어준 후 크림치즈 반죽과 함께 균일하게 섞어줍니다.

베이킹 쿠키 파트장의 **Tip**

○ 굽기 및 완성

| 5 머랭 섞기 | 6 반죽 완성 | 7 데포지터 |
| 8 시트깔기 | 9 반죽 담기 | 10 굽기 완성 |

2/ 흰자를 믹싱기에 넣고 60% 올린 후 설탕을 넣고 중속으로 70%까지 휘핑하기

3/ 크림치즈 반죽에 머랭을 나누어 섞어 반죽 완성

4/ 수플레 틀에 후레즈 시트를 깔고 반죽을 데포지터를 이용해 90% 채우기

    ＊후레즈 시트 제조방법은 293page 참조

5/ 굽기 전 더 큰 팬에 수플레 틀을 놓고 수플레 팬 높이의 1/2가량 물을 붓고 수플레 반죽 넣기

6/ 굽기 : 180/140℃ 15분 구운 후 120/140℃ 60분

---

① 머랭을 50%까지 올리지 않고 처음부터 설탕을 넣으면 머랭거품이 잘 올라오지 않고 거칠게 됩니다.

② 데포지터를 이용하면 수플레 반죽과 같이 묽은 반죽을 동일한 양으로 빠르게 틀에 담을 수 있습니다.

③ 수플레 틀에 넣은 후레즈 시트는 묽은 수플레 반죽의 형태를 잡아주고 후레즈 시트가 촉촉해져 부드
   러운 식감을 표현할 수 있습니다.

④ 처음 180/140℃ 15분동안 윗면에 색을 낸 후 120/140℃ 온도로 낮추고 오븐의 문을 살짝 열어두어
   증기압을 빼주면 윗면이 터지지 않고 촉촉한 수플레를 만들 수 있습니다.

베이킹 쿠키 파트장의 **Tip**

호두 스콘

생산수량 11개

영국의 애프터눈 티타임과 함께 전통을 지켜온 스콘은 쿠키보다 부드럽고 빵보다 거친 식감을 갖고 있습니다. 유지방의 농도가 진해 더욱 고소한 맛을 주는 후레시-L 제품을 사용하고 진한 갈색과 깊은 향을 내기 위해 흑설탕을 사용하여 한국인의 입맛에 맞게 변형해보았습니다. 커피나 티 타임에 함께 즐길 수 있는 사이드 메뉴로 추천할 수 있습니다.

◐─ 호두 스콘 레시피 재료

□ 유기농 강력분 375g □ 아몬드 분말 125g
□ 생크림 500g □ 흑설탕 115g
□ 베이킹파우더 5g □ 천일염 5g
□ 호두 100g

＊초코 스콘 제조방법은 호두 스콘과 동일

◐─ 초코 스콘 레시피 재료

□ 유기농 강력분 460g □ 코코아 가루 40g
□ 생크림 500g □ 설탕 115g
□ 베이킹파우더 5g □ 천일염 5g
□ 초코칩 100g

＊생산수량 11개

◐─ 호두 스콘 작업흐름도

| **1** | 생크림에 천일염, 설탕 녹이기 |

| **2** | 가루재료 섞기 |

| **3** | 호두 넣고 반죽 완성 |

| **4** | 원통형으로 민 후 냉장숙성 |
| | 12시간 |

| **5** | 스콘 모양 썰어 팬닝하기 |

| **6** | 굽기 |
| | 컨벡션 오븐 175℃ 25~30분 |

◉– 반죽하기

1 | 다양한 생크림

2 | 호두 섞기

3 | 한덩이 만들기

4 | 원통형으로 밀기

1/ **반죽 만들기**

① 생크림에 천일염과 설탕을 넣고 녹여준다.

② 체 친 아몬드 분말, 강력분, 베이킹파우더를 넣고 고무주걱으로 섞는다.

③ 호두를 넣고 균일하게 섞어 반죽을 완성한다.

기존의 스콘 레시피에는 버터가 많이 들어가 다소 부담을 느끼는 분들이 많았습니다. 버터의 유지방을
대신하여 부드러운 후레시-L 생크림을 사용하고 텍스쳐와 식감이 부드러운 스콘을 만들었습니다.

베이킹 쿠키 파트장의 **Tip**

⊶ 굽기 및 완성

5 | 냉장숙성

6 | 스콘모양 썰기

7 | 우유 바르기

8 | 굽기

9 | 굽기 완성

10 | 다양한 스콘

2/ 냉장숙성 : 12시간

3/ 스콘 모양(삼각형)으로 썰기

4/ 팬닝 후 우유 바르기

5/ 굽기 : 컨벡션 오븐 175℃ 25~30분

① 영국의 전통적인 레시피로 만든 스콘은 '늑대의 입'이라고 하여 중앙에 터짐이 있고 갈라짐이 많은 표면이 특징이지만 식감이 거칠기 때문에 레시피를 변형하여 좀 더 부드럽고 촉촉하며 잼을 곁들어 먹지 않아도 호두의 고소한 맛과 은은한 단맛을 느낄 수 있는 스콘을 만들어보았습니다.

② 초코 스콘의 레시피는 호두 스콘과 동일한 과정으로 만들 수 있으며 두 종류를 함께 냉장 숙성과 굽기를 진행하면 한 번에 다양한 맛의 스콘을 만들어 소비자들에게 제공할 수 있습니다.

베이킹 쿠키 파트장의 **Tip**

10 호두 쿠키

생산수량 40통

호두에 물엿과 설탕으로 만든 시럽을 코팅하여 단맛에 익숙해 견과류를 꺼려 하는 어린아이들도 좋아할 수 있도록 한 레시피입니다. 코팅한 호두를 180℃ 까지 가열한 식용유에 넣고 진한 갈색이 될 때까지 튀겨 고소한 맛을 더해 주 었습니다. 영양이 가득한 견과류인 호두를 아이들의 간식으로 제안할 수 있도 록 만든 호두 쿠키입니다.

○─ 재료

□ 물 852g □ 물엿 800g
□ 설탕 2,400g □ 호두 4,000g

○─ 호두 쿠키 작업흐름도

| 1 | 호두 삶기 |

| 2 | 체에 걸러 건조시키기 |

| 3 | 물에 물엿과 설탕을 넣고 끓여 청 만들기 |

| 4 | 호두 볶아 체에 거르기 |

| 5 | 기름에 튀기고 건조시키기 |

◦ 호두 전처리

1 | 호두 넣기
2 | 호두 삶기
3 | 체에 거르기
4 | 호두 말리기

1/ 호두 삶기

① 물을 100℃로 끓여준다.

② 호두의 겉면이 촉촉할 때까지 10~13분 삶는다.

③ 체에 걸러 물기를 제거하고 철판에 골고루 펴서 말린다.

---

① 호두 쿠키는 다른 재료를 첨가하지 않고 호두 본연의 고소한 맛을 극대화 시키는 방법으로 레시피와
제조방법을 제안합니다.

② 호두를 삶는 과정에서 호두에 수분이 흡수되어 딱딱한 식감의 호두가 부드러워지게 됩니다. 촉촉한
상태의 호두는 손으로 겉면을 만졌을 때 수분이 묻어나지 않는 정도로 건조시켜줍니다.

베이킹 쿠키 파트장의 Tip

○─ **호두 볶고 튀기기**

5 | 청 만들기

6 | 호두 볶기

7 | 체에 거르기

8 | 기름에 튀기기

9 | 체로 거르기

10 | 호두 비비기

2/ 호두 볶기

① 물, 물엿, 설탕을 넣고 115℃까지 끓여 청을 만든다.

② 말린 호두를 청과 함께 볶아준 후 체에 거른다.

3/ 식용유를 175℃까지 가열하기

4/ 호두를 넣고 진한 갈색이 될 때까지 튀기기

① 115℃로 청을 만들어 호두를 볶아줄 때 호두를 삶는 과정에서 내부에 흡수된 수분을 청으로 코팅시켜주어 씹는 식감을 더욱 부드럽게 만들어줍니다. 이 과정에서 호두가 부서지지 않도록 나무주걱으로 조심스럽게 볶아줍니다.

② 코팅시킨 청은 시간이 지나면 눅눅해질 수 있으므로 갈색이 날 때까지 기름에 튀기면 겉면은 바삭하고 속은 촉촉하여 전체적인 식감이 좋고 호두의 고소한 맛이 더욱 살아난 호두 쿠키를 만들 수 있습니다.

베이킹 쿠키 파트장의 **Tip**

11 시가렛

생산수량 35통

흰자에 많은 양의 버터와 슈가 파우더가 들어간 기본 시가렛 쿠키 반죽대신 밀가루의 일부분을 아몬드 분말로 대신하고 버터와 흰자의 일부를 생크림으로 대체하여 마카롱 쿠키를 얇게 편 것과 같은 식감과 맛을 선사합니다. 티 타임에 커피 혹은 차와 잘 어울리며 손가락으로 집어서 먹기 편한 핑거 쿠키 타입입니다.

재료

- 흰자 450g
- 생크림 562g
- 분당 938g
- 순도 70% 바닐라 분말 4g
- 강력분 150g
- 천일염 3g
- 버터 825g
- 아몬드 분말 450g
- 박력분 375g

시가렛 작업흐름도

1 | 흰자에 천일염, 분당 넣고 혼합

2 | 생크림 섞은 후 체 친 가루재료 섞기

3 | 중탕한 버터 섞기

4 | 냉장 숙성
12시간

5 | 시가렛 틀에 얇게 펴기

6 | 초코 토핑 짜기

7 | 굽기
180/160℃ 연갈색으로 변하면 시가렛 모양으로 말기

○─ **반죽하기**

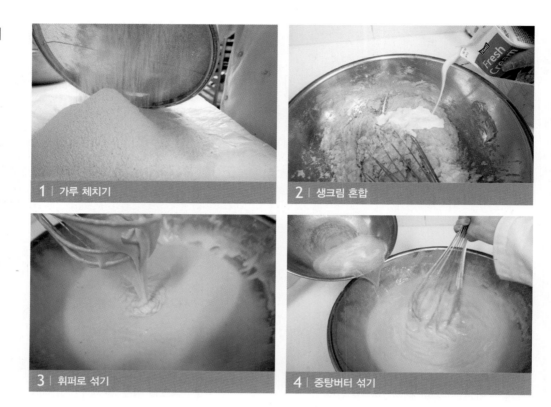

1 | 가루 체치기

2 | 생크림 혼합

3 | 휘퍼로 섞기

4 | 중탕버터 섞기

1/ 반죽 만들기

① 흰자에 천일염, 분당을 넣고 혼합한다.

② ①에 생크림을 넣어 섞어 준다.

③ 체 친 아몬드 분말, 바닐라 분말, 박력분, 강력분을 ②에 섞어준다.

④ 중탕한 버터를 넣어 섞어 준다.

◦ 숙성 및 굽기

5 │ 반죽 숙성	6 │ 틀에 짜기
7 │ 초코 토핑	8 │ 구운 후 말기
9 │ 말기 완성	10 │ 디스플레이

2/　냉장 숙성 : 12시간

3/　시가렛 얇게 펴주기

4/　시가렛 반죽의 적당량을 덜어내 코코아 가루로 색을 맞추고 우유로 되기를 조절한 후 윗면에 지그재그로 짜기

5/　굽기 : 180/160℃ 연한 갈색을 낸다.

6/　시가렛 모양으로 말기

12 쇼콜라 크로칸트

생산수량 50통

설탕시럽에 버무리는 기존의 크로칸트와는 다르게 쿠키반죽을 베이스로 하여 코코아 분말과 많은 양의 아몬드 슬라이스를 넣어 새로운 타입의 쇼콜라 크로칸트를 만들었습니다. 철판에 고르게 펴서 냉장 휴지한 후 재단기를 사용하여 핑거 쿠키로 먹기 좋은 균일한 직사각형의 사이즈를 재단하였습니다. 호두 쿠키, 시가렛과 함께 선물용 세트 상품으로도 제안이 가능합니다.

◌─ 재료

- □ 무염버터 2,430g
- □ 설탕 1,688g
- □ 천일염 18g
- □ 흰자 600g
- □ 박력분 3,913g
- □ 코코아 분말 208g
- □ 베이킹파우더 8g
- □ 껍질 아몬드 슬라이스 2,025g

◌─ 쇼콜라 크로칸트 작업흐름도

1 │ 버터, 설탕 포마드

2 │ 흰자를 나누어 섞기

3 │ 가루재료 및 부재료 넣기

4 │ 도우컨디셔너 냉장 휴지
60분

5 │ 반죽 철판에 고르게 펴기

6 │ 냉동보관
12시간 이상

7 │ 재단하기

8 │ 굽기
컨벡션 오븐 160℃ 15분

○─ 반죽하기

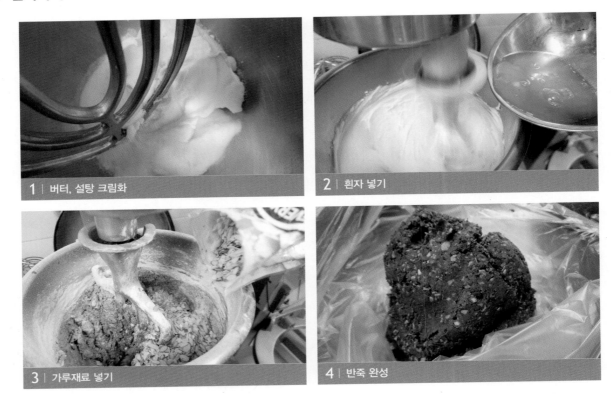

1 | 버터, 설탕 크림화

2 | 흰자 넣기

3 | 가루재료 넣기

4 | 반죽 완성

1/ 반죽 만들기

① 버터, 설탕을 휘핑하여 포마드 상태를 만든다.

② 흰자를 3회로 나누어 넣으면서 균일하게 섞는다.

③ 박력분, 코코아 분말, 베이킹파우더를 균일하게 혼합 후 체를 쳐서 넣는다.

④ 껍질 아몬드 슬라이스를 넣어 한 덩어리가 되도록 섞어준다.

① 버터와 설탕을 유연하게 만드는 과정인 포마드는 반죽에 공기혼합이 적게 되어야 하기 때문에 비터를 사용하여 믹싱을 해줍니다.

② 아몬드 슬라이스가 너무 많이 으깨지지 않도록 반죽의 마지막 과정에 넣고 균일하게 혼합해주어 쇼콜라 크로칸트에 아몬드 슬라이스의 식감이 살아있도록 합니다.

베이킹 쿠키 파트장의 Tip

○ 냉장 휴지

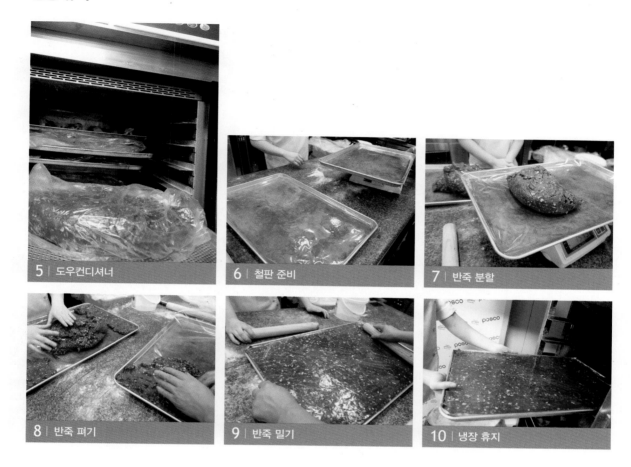

| 5 | 도우컨디셔너 | 6 | 철판 준비 | 7 | 반죽 분할 |
| 8 | 반죽 펴기 | 9 | 반죽 밀기 | 10 | 냉장 휴지 |

2/ 1℃에 맞춘 도우컨디셔너에 넣어 60분간 굳히기

3/ 비닐을 깔아 준비된 철판에 4,000g씩 분할하여 고르게 펴기

4/ 펴준 반죽 위를 비닐로 덮고 밀대로 밀어 고르게 펴기

5/ 냉동 보관 : 12시간 이상

---

① 반죽을 철판에 밀어펴는 공정을 용이하게 하기 위하여 도우컨디셔너에 넣고 60분 가량 굳혀줍니다. 도우컨디셔너가 없다면 냉장고에 넣어 작업성이 좋은 상태로 굳혀줍니다.

② 쇼콜라 크로칸트를 재단하기 위해서 반죽을 12시간 이상 냉동고에 보관하며 얼린 상태로 만들어 주고 필요 시 바로 구워 판매할 수 있습니다. 바로 재단을 할 수 있도록 얼리기 전 철판에 고르게 펴주도록 합니다.

베이킹 쿠키 파트장의 **Tip**

○─ 재단 및 굽기

11	얼린 쇼콜라 크로칸트	12	쿠키 재단기
13	재단기 맞게 절단	14	재단하기
15	팬닝하기	16	굽기 완성

6/ **재단하기 :** 얼린 쇼콜라 크로칸트를 꺼내 재단기에 맞게 8cm 간격으로 자른다.

7/ **재단기에 놓고 8cm, 2mm 두께로 재단**

8/ **굽기 :** 컨벡션 오븐 160℃ 15분

---

① 얼린 쇼콜라 크로칸트를 칼로 먼저 재단할 때 칼을 토치에 뜨겁게 달군 다음 자르면 단면이 깔끔하고 힘을 적게 들이며 절단할 수 있습니다.

② 쿠키 재단기를 사용하면 얇은 쿠키도 보다 일정하고 균일하게 재단이 가능합니다. 아몬드 슬라이스가 들어가 있어 일반 칼로 절단 시 쿠키가 으스러질 수 있는 부분도 재단기를 이용하면 보완할 수 있습니다.

베이킹 쿠키 파트장의 **Tip**

케이크
Cake

경쟁이 치열한 카페 업계에서 경쟁력을 높일 수 있으면서
자체적으로도 생산이 가능한 케이크 아이템을 추천합니다.
딸기, 바나나, 망고 등 계절에 맞는 다양한 과일과 초콜릿,
치즈와 같은 스테디셀러 재료를 활용한 케이크, 그리고
케이크 전문점에서도 활용할 수 있는 레시피를 제공합니다.

이희주 셰프

케이크 파트장

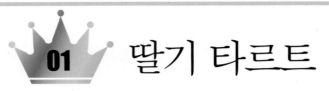

01 딸기 타르트

기존에 타르트에 많이 사용되었던 아몬드 크림 대신 현대인의 입맛에 맞춰 크림치즈와 생크림을 혼합하여 필링을 제조하였습니다. 크림에 들어가는 머랭을 80%까지만 휘핑하여 식감의 부드러움과 촉촉함을 유지하였습니다. 촉촉하고 고소한 크림과 상큼한 딸기맛이 조화롭게 어울려 남녀노소 누구에게나 인기 있는 케이크입니다.

타르트피 레시피 재료

□ 마가린 2,250g □ 설탕 3,376g
□ 계란 22개 □ 박력분 5,624g
□ 아몬드 분말 1,124g □ 베이킹파우더 30g
□ 우유 216g

필링용 크림 레시피 재료

□ 크림치즈 750g □ 생크림 285g
□ 설탕 281g □ 노른자 6개
□ 흰자 6개 □ 설탕 84g
□ 우리밀 113g

토핑용 크림 레시피 재료

□ 크림치즈 402g
□ 설탕 135g
□ 레몬즙 12g
□ 휘핑크림 240g
□ 에버크림 240g

딸기 타르트 제품 단면도

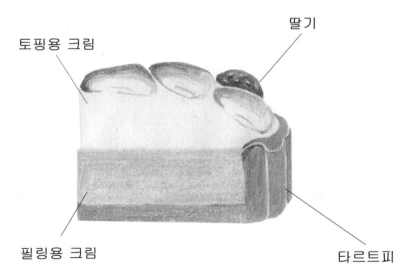

토핑용 크림
딸기
필링용 크림
타르트피

◦─ 타르트피 반죽 만들기

1 | 포마드 마가린에 계란 섞기

2 | 가루재료 섞기

3 | 반죽 완성

4 | 반죽 밀기

1/ **타르트피 반죽 만들기**

① 마가린을 포마드 상태로 만든 후 설탕을 넣고 균일하게 섞는다.

② 계란을 나누어 넣으면서 균일하게 섞은 후 우유를 넣고 섞는다.

③ 체로 친 박력분, 아몬드 분말, 베이킹파우더를 넣고 균일하게 섞은 후 비닐에 싸 냉장휴지를 시킨다.

④ 파이롤러를 사용하여 3mm 두께로 균일하게 밀어편다.

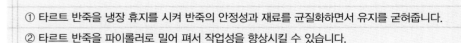

① 타르트 반죽을 냉장 휴지를 시켜 반죽의 안정성과 재료를 균질화하면서 유지를 굳혀줍니다.

② 타르트 반죽을 파이롤러로 밀어 펴서 작업성을 향상시킬 수 있습니다.

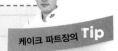

케이크 파트장의 **Tip**

○ 필링용 크림 제조

| 5 | 반죽 팬닝 | 6 | 반죽 굽기 | 7 | 크림치즈, 계란 섞기 |
| 8 | 끓인 생크림 섞기 | 9 | 가루재료 섞기 | 10 | 휘퍼로 섞기 |

2/ 타르트 틀에 쿠키반죽을 3mm로 얇게 밀어편 후 이형제로 버터를 바르고 유산지를 올려 누름쌀 놓기

3/ 굽기 : 160/180℃ 30분

4/ 필링용 크림 만들기

① 생크림에 설탕을 넣고 중탕한다.

② 크림치즈를 부드럽게 풀어 준 후 노른자를 넣어 잘 섞어준다.

③ ①이 데워지면 ②에 넣고 섞어준다.

④ 계란 흰자에 설탕을 넣고 80%까지 머랭을 올려준다.

⑤ 가루재료를 ③에 넣어 고무주걱으로 섞은 뒤 ④를 넣고 휘퍼로 섞어준다.

---

① 타르트 시트는 제조한 필링용 크림을 채우고 다시 한 번 굽기 때문에 윗불을 낮게 하여 색깔이 진하게 나지 않도록 굽습니다.

② 제품에 사용한 끼리 크림치즈는 프랑스산 연성치즈(soft cheese)의 일종으로 숙성과정 없이 응고되어 조직이 부드럽고 맛이 담백합니다. 부드러운 조직 때문에 필링용으로 많이 활용되며, 다른 치즈에 비해 지방과 수분의 함량이 높아 변질의 우려가 있으므로 4~8℃로 냉장보관합니다.

케이크 파트장의 **Tip**

○─ 마무리

| 11 │ 크림 필링하기 | 12 │ 굽기 | 13 │ 생크림 올리기 |
| 14 │ 고르게 펴기 | 15 │ 볼록하게 정리 | 16 │ 딸기 올려 완성 |

5/ 구운 타르트에 필링용 크림 채우기

6/ 굽기 : 180/160℃ 25~30분

7/ 휘핑크림과 에버를 100%까지 휘핑하기

8/ 크림치즈 + 설탕 + 레몬즙을 100% 휘핑하고 **7**을 섞어 토핑용 크림 만들기

9/ 구운 타르트는 틀에서 분리하고 **8**의 토핑용 크림을 230g 올린 후 볼록하게 다듬기

10/ 반을 가른 딸기를 올려준 후 미로와를 발라 완성

---

① 에버와 휘핑크림을 사전에 휘핑하지 않고 크림치즈와 섞으면 기포를 포집하지 못하여 크림 상태가 묽고 힘이 없기 때문에 단단한 상태의 크림을 만들기 위해서는 7, 8번을 함께 섞지 않고 각각 100% 까지 휘핑을 해준 후 섞어야 합니다.

② 타르트 위에 올라가는 과일인 딸기는 겨울이 제철이며, 다른 계절에는 신맛이 강하고 가격이 비싸기 때문에 여름에는 블루베리, 가을에는 무화과 등으로 대체하는 것이 좋습니다.

케이크 파트장의 **Tip**

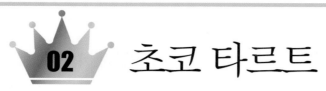

초코 타르트

생산수량 7개

다크 초콜릿과 유크림의 1:1 비율에 아몬드 프라린을 첨가하여 견과류의 고소함을 더했습니다. 타르트피를 하루 숙성시킴으로써 생밀가루의 향을 없애주었습니다. 촉촉한 식감의 타르트, 가볍고 부드러운 초코생크림, 다크 초콜릿의 진한 풍미와 얼린 후 아삭한 식감의 가나슈가 조화롭게 느껴지는 케이크입니다.

◎─ 필링용 크림 레시피 재료

- □ 크림치즈 750g
- □ 생크림 285g
- □ 설탕 281g
- □ 노른자 6개
- □ 흰자 6개
- □ 설탕 84g
- □ 우리밀 113g
- □ 코코아 분말 40g

*타르트피 레시피는 딸기 타르트피 레시피와
 동일하다.

◎─ 토핑용 가나슈 레시피 재료

- □ 다크 초콜릿 653g
- □ 생크림 653g
- □ 버터 160g
- □ 아몬드 프라린 190g

◎─ 토핑용 생크림

- □ 토핑용 생크림 60g

◎─ 후랑보아즈 시트

- □ 직경 12cm, 두께 2mm, 14장 재단

*후랑보아즈 시트 제조방법 298page
 참조
*초콜릿 시트로 후랑보아즈 시트를 사용
 했습니다.

◎─ 초코 타르트 제품 단면도

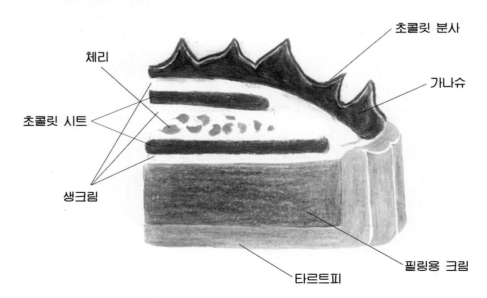

체리
초콜릿 시트
생크림
초콜릿 분사
가나슈
타르트피
필링용 크림

○─ 초코 타르트 만들기 ①

1 │ 시트 올리기	2 │ 생크림 돔형태로 다듬기
3 │ 체리 얹기	4 │ ○호 시트 올리기

1/ 토핑용 생크림을 믹서에 넣고 100%까지 휘핑

2/ 올릴 시트의 윗면에 시럽을 바르기
　　 *시럽 레시피 Tip ② 참조

3/ 구운 타르트에 후랑보아즈 시트를 2mm로 얇게 재단한 후 직경 12cm 틀로 찍어 올리고 생크림을
　　 돔 형태로 다듬은 후 재단한 후랑보아즈 시트 올리기

4/ 체리를 얹은 후 재단한 기리쉬 시트 올리기

---

① 초코 타르트는 딸기 타르트와 다르게 시트와 생크림을 교차로 필링하여 포크로 단면을 함께 잘라서
　 먹었을 때 시럽에 적신 촉촉한 초콜릿 시트, 생크림, 고소하고 쿠키와 같은 타르트, 그 안에 체리의
　 새콤함까지 다양한 식감과 조화로운 맛을 함께 느낄 수 있는 타르트입니다.

② 시럽 레시피

　　 □ **설탕** 2,500g　　□ **물** 5,000g　　□ **체리** 3,000g

케이크 파트장의 **Tip**

초코 타르트 만들기 ②

5 | 분사용 초콜릿 용해하기	6 | 가나슈 토핑
7 | 모양내기	8 | 냉동 굳히기
9 | 초코 분사	10 | 초콜릿 장식

5/ 다크 초콜릿과 카카오버터를 섞고 중탕으로 용해시켜 분사용 초콜릿 만들기

6/ 준비된 토핑용 가나슈를 돔 형태로 올려준 후 스패츌라로 다듬기

7/ 스패츌라로 균일하게 살짝씩 눌러 찍으며 모양 내기

8/ 냉동고에 굳히기

9/ 초콜릿을 분사하여 겉면을 코팅해주고 녹인 글리사주로 짜고 금박으로 장식하여 마무리

케이크 파트장의 **Tip**

① 카카오버터는 초콜릿의 녹는 정도와 질감, 광택을 내는 역할을 하고 콜레스테롤을 저하시키며 자연적 산화방지가 가능하여 카카오버터 함량이 높을수록 고급 초콜릿에 해당됩니다. 카카오버터의 용해점은 34~38℃ 가량으로 상온에서 초콜릿의 형태를 유지시켜주는 역할도 하기 때문에 가나슈를 만들때 첨가하여 주면 형태 유지력이 좋고 입에 녹는 질감이 뛰어난 초코 타르트를 제조할 수 있습니다.

② 분사용 초콜릿 레시피

□ **다크 초콜릿 400g**   □ **카카오버터 200g**

＊60℃ 정도로 중탕하여 사용합니다.

갸또 바나나

생산수량 1호 8개 **피스** 10개

초콜릿과 가장 잘 어울리는 과일 중 하나인 바나나는 초콜릿의 진하고 쌉쌀함에 순한 단맛을 주고 바나나의 부드러움으로 다소 부담스러울 수 있는 강한 단맛의 초콜릿 케이크를 더욱 특별하게 만들어 줍니다. 또한 무스에 혼합하는 생크림을 70%정도만 휘핑하여 무스의 촉촉함과 부드러움을 높여 주었습니다. 카카오함량이 높은 마라카이보 초콜릿과 바나나의 칼륨 성분이 혈압을 낮추어 줍니다. 갸또 바나나는 맛의 조화와 재료의 영양학적 궁합이 훌륭한 케이크입니다.

◦– 초코무스 크림 레시피 재료

□ 생크림 (1) 390g　　□ 설탕 325g
□ 노른자 654g　　　　□ 생크림 (2) 2,880g
□ 마라카이보 초콜릿 1,300g

◦– 충전물 바나나 크림 레시피 재료

□ 바나나 700g　　　□ 물 80g
□ 설탕 300g　　　　□ 바카디골드 10g

◦– 갸또 바나나 시트 준비과정

□ 1호 무스틀 8개 바닥에 랩을 씌워놓기
□ 1호 후랑보아즈 시트 8mm 두께로 8장 재단
＊후랑보아즈 시트 제조방법 298page 참조

◦– 갸또 바나나 제품 단면도

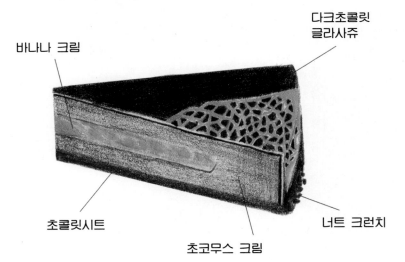

바나나 크림

다크초콜릿 글라사쥬

초콜릿시트

초코무스 크림

너트 크런치

○― 충전물
만들기

1 | 바나나 으깨기

2 | 캐러멜 + 바나나 섞기

3 | 바카디 골드 넣기

4 | 식히기

1/ 충전물 바나나 크림 만들기

① 설탕 캐러멜화 : 물 80g, 설탕 300g을 150℃로 끓여 캐러멜을 만든다.

② 으깬 바나나를 ①에 넣고 중불로 졸여 페이스트 상태를 만든다.

③ 불에서 꺼낸 후 바카디 골드를 넣는다.

④ 평철판에 비닐을 깔고 고르게 펴서 냉장보관하며 식힌다.

케이크 파트장의 **Tip**

① 바나나를 너무 곱게 갈면 바나나의 향이 날아가고 씹는 질감이 느껴지지 않기 때문에 손으로 덩어리
   가 있는 정도로 으깨줍니다.

② 캐러멜화 한 설탕을 으깬 바나나와 섞어줄 때 바나나의 온도를 30℃ 정도로 중탕해서 데워준 후 섞
   어야 캐러멜이 결정화되는 것을 방지할 수 있습니다.

③ 바나나 충전물을 충분히 호화시켜 수분을 날려주어야 무스에 채워준 후 수분이 스며 나오지 않습니
   다. 불에서 내린 후 바로 바카디 골드를 넣어 자체 열로 알코올 향을 날려주면 은은하게 술의 향이
   남고 풍미가 좋아집니다.

○ 초코무스 크림 만들기

| 5 생크림 휘핑 | 6 끓인 생크림 넣기 | 7 앙글레이즈 만들기 |
| 8 초콜릿에 섞기 | 9 생크림 섞기 | 10 나눠서 균일하게 섞기 |

2/ 생크림 (2)를 믹서에 넣고 70%까지 휘핑

3/ 앙글레이즈 제조

① 노른자를 살짝 휘핑한 후 설탕량의 1/3을 넣고 하얗게 될 때까지 휘핑한다.

② 생크림과 설탕량 2/3을 넣고 가장자리 기포가 올라올 때까지 끓여준다.

③ 끓인 ②를 1/2정도 ①에 넣고 휘핑하여 섞어준 후 전체를 냄비에 다시 넣는다.

④ 약불에 올려 실리콘 주걱으로 계속 저어주며 걸죽한 상태를 만든다.

4/ 반 정도 녹인 마라카이보 초콜릿에 앙글레이즈 섞기

5/ 70%까지 휘핑한 생크림을 두 번에 나누어 균일하게 휘퍼로 섞기

---

① 앙글레이즈를 불에 다시 올려서 걸죽한 상태로 만들 때 기포가 최대한 생기지 않도록 하며 마라카이보 초콜릿을 반 정도 녹인 후 섞어주어야 초콜릿을 섞는 과정에서 과하게 저으며 생성된 기포로 크림의 질감이 거칠어지는 것을 방지할 수 있습니다.

② 카카오 주산지인 베네수엘라의 마라카이보산 최고급 초콜릿인 마라카이보 초콜릿은 카카오 함량 55.5%로 초콜릿의 깊은 단맛과 쓴맛을 조화롭게 느낄 수 있어 한층 더 고급스러운 맛의 무스크림을 만들 수 있습니다.

케이크 파트장의 **Tip**

◦ 팬닝 및 완성

11 | 크림 필링

12 | 충전물 짜기

13 | 시트 올리기

14 | 냉동 굳히기

15 | 글라사쥬 하기

16 | 푀유틴 묻히기

6/ 랩핑한 무스틀에 크림 50% 채워주기

7/ 식혀둔 충전물을 중심에서 달팽이 모양으로 10cm 너비로 짜주기

8/ 무스크림을 틀 높이까지 채워준 후 후랑보아즈 시트를 올려 냉동고에 굳히기

9/ 굳힌 무스케이크에 글라사쥬로 덮은 뒤 별도 제조한 데코 글레이즈 무늬 내주기

10/ 넛트 크런치를 바닥 가장자리에 묻혀 완성

---

① 갸또 바나나 무스 케이크는 채워주는 크림의 필링의 바닥면이 위에 오도록 냉장고에 굳힌 후 틀에서 빼내고 뒤집어 주기 때문에 랩에 주름이 가지 않게 팽팽히 당겨서 랩핑을 해주며 무스크림은 100% 채워주고 바닥면이 되도록 시트를 올려줍니다.

케이크 파트장의 **Tip**

② 글라사쥬는 시판용 초코 미로와를 전자레인지에 녹인 후 41~44℃로 맞춰 케이크 윗면에 덮어줍니다.

③ 데코 글레이즈 노랑 무늬 레시피

▫ **내추럴 미로와** 200g   ▫ 물 50~60g   ▫ **옥시드티탄(이산화티타늄)** 3g   ▫ **황색3호 색소** 10g

내추럴 미로와, 물, 옥시드티탄(이산화티타늄), 황색3호 색소 등을 섞어서 준비합니다. 너무 차가우면 그물 무늬가 잘 생기지 않으므로 사용할 때 27~34℃로 유지합니다. 데코 글레이즈는 묽을수록 무늬가 커집니다.

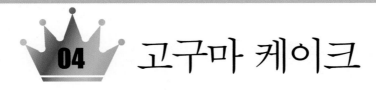

04 고구마 케이크

생산수량 2호 8개 3호 12개

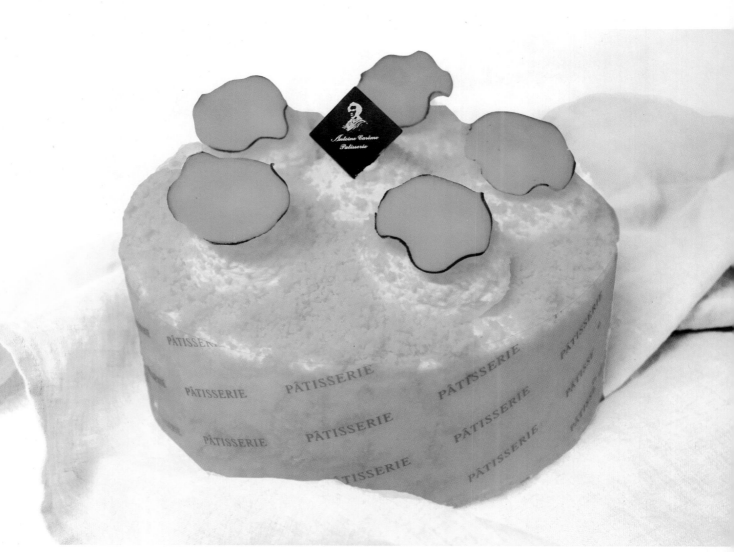

짠맛 대신 약간 신맛이 나고 끝 맛이 고소한 크림치즈와 짠맛이 없으며 부드럽고 고소한 무염버터로 고구마의 고소함은 극대화시키고 식감을 더욱 부드럽게 만듭니다. 맛과 향의 깊이를 더해주기 위해 앙글레이즈를 숙성시켰습니다. 버터의 지방과 고구마의 칼륨성분이 이뇨작용을 도와줍니다.

◑- 고구마 크림 레시피 재료

□ 고구마 10,000g   □ 노른자 13개
□ 설탕 585g   □ 무염버터 585g
□ 크림치즈 585g   □ 생크림 3,000g

◑- 이탈리안 머랭 레시피 재료

□ 흰자 13개   □ 설탕 585g
□ 물 190g

◑- 고구마 케이크 시트 준비과정

□ 2호 시트 4mm 두께로 24장과 3호 시트 4mm 두께로 42장을 재단하여 준비한다.
□ 케이크 시트로 후레즈 시트를 사용했습니다.

*후레즈 시트 제조방법 293page 참조

◑- 고구마 케이크 제품 단면도

생크림/체친 케이크 시트

고구마칩

고구마크림

케이크시트

○─ 전처리하기

1	고구마 굽기
2	고구마 슬라이스
3	끓인 시럽에 담그기
4	저온 오븐에 굽기

1/ 고구마 – 필링용

① 유산지를 깔고 물을 높이 1cm 가량 넣은 후 다른 철판을 덮어준다.

② 오븐 온도 230/230℃ 60~70분 굽기

2/ 고구마 슬라이스 – 장식용

① 채칼로 깨끗이 썻은 고구마를 슬라이스 한다.

② 끓인 시럽에 슬라이스한 고구마를 넣고 단 맛과 색감을 입혀준다.

③ 오븐을 100℃로 예열한 후 전원을 끄고 고구마를 5시간 말려 고구마 칩을 만들어 준비한다.

---

① 고구마를 오븐에 구울 때 물을 함께 넣어주어 퍽퍽하지 않은 식감을 낼 수 있도록 하며 철판을 덮어

주어 고구마가 윗면도 골고루 익을 수 있게 해줍니다.

② 슬라이스 고구마를 넣는 시럽 레시피

□ 물 1,000g   □ 설탕 1,000g   □ 노란 색소10g

③ 장식용으로 사용되는 고구마 슬라이스는 칩 종류와 유사하여 바삭하고 고소한 식감이 특징이며 노란

색 색소를 넣어 시각적으로도 먹음직스러운 데코레이션을 완성할 수 있는 효과가 있습니다. 고구마

슬라이스 칩은 가정에서도 손쉽게 만들 수 있어 아이들의 건강간식으로도 제안할 수 있습니다.

케이크 파트장의 **Tip**

○─ 반죽 과정

5 | 앙글레이즈

6 | 으깬 고구마와 섞기

7 | 비터로 섞기

8 | 시트 체치기

9 | 이탈리안 머랭

10 | 섞기

3/ **앙글레이즈 제조**

① 노른자를 살짝 휘핑한 후 설탕량의 1/3을 넣고 하얗게 될 때까지 휘핑한다.

② 생크림과 설탕량의 2/3를 넣고 가장자리 기포가 올라올 때까지 끓여준다.

③ 끓인 ②를 ①에 넣고 섞어준다.

④ 무염버터와 크림치즈를 포마드 시킨 후 ②에 넣고 끓여준다.

⑤ 냉장고에 넣어 1일간 숙성한다.

4/ 비터로 으깬 삶은 고구마에 **3**에 나누어 섞기

5/ 물+설탕을 118℃까지 끓여 믹서에 휘핑한 흰자와 섞어주며 이탈리안 머랭 만들기

6/ **4**를 **5**에 2번에 나누어 섞기

7/ 후레즈 시트를 체에 쳐서 고르게 만들기

---

① 앙글레이즈의 걸죽한 완성 상태를 확인하기 위해서는 섞고 있던 고무주걱을 들어 손으로 그었을 때 자국이 남는지 확인합니다. 자국이 남으면 앙글레이즈가 완성된 상태입니다.

② 앙글레이즈는 냉장고에 1일간 숙성시키는 과정에서 각기 재료들의 맛이 어우러지며 질감이 진득한 연유처럼 바뀌어 식감과 향이 풍부해집니다.

케이크 파트장의 **Tip**

○- **팬닝 및 완성**

11 | 고구마 크림 올리기

12 | 시트 올리기

13 | 고구마 크림 올리기

14 | 생크림 아이싱

15 | 모양 짜주기

16 | 체 친 시트 묻히기

6/ 무스띠를 두른 틀에 후레즈 시트 - 고구마 크림 - 후레즈 시트 - 고구마 크림 - 후레즈 시트 - 고구마 크림 순서로 균일하게 올려준 후 틀에서 빼낸 후 냉동하기

7/ 냉동시킨 고구마 케이크에 숙성시킨 생크림을 휘핑하여 겉면에 아이싱 해주고 원형깍지로 2호는 6개, 3호는 7개 짜기

8/ 체 친 후레즈 시트를 겉면에 묻히고 고구마 칩을 올려 완성

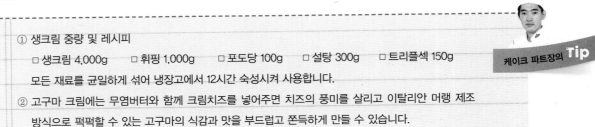

① 생크림 중량 및 레시피

□ 생크림 4,000g   □ 휘핑 1,000g   □ 포도당 100g   □ 설탕 300g   □ 트리플섹 150g

모든 재료를 균일하게 섞어 냉장고에서 12시간 숙성시켜 사용합니다.

② 고구마 크림에는 무염버터와 함께 크림치즈를 넣어주면 치즈의 풍미를 살리고 이탈리안 머랭 제조 방식으로 퍽퍽할 수 있는 고구마의 식감과 맛을 부드럽고 쫀득하게 만들 수 있습니다.

케이크 파트장의 **Tip**

05 아메르

생산수량 직사각틀(가로 32cm×세로 47cm) 2판, 1호 16개, Peace 16개

아메르 케이크는 시트, 크림을 층층이 쌓고 초코 글라사쥬로 윗면을 마무리한 방식이 프랑스의 전통 디저트 중 하나인 오페라 케이크와 유사하지만 기본 전통 레시피는 매우 달고 다소 느끼할 수 있어 한국 소비자들에게 맞는 레시피로 변형해보았습니다. 다크 초콜릿보다 더욱 쓴 맛이 강하지만 카카오의 진하고 깊은 맛이 풍부해 초콜릿 매니아층에게 어필할 수 있는 케이크입니다. 불어로 아메르(amer)는 '쏩쏠한', '쓴'이라는 뜻이 있어 케이크의 이름을 아메르로 지었습니다.

아메르 시트 레시피 재료

□ 노른자 1,600g □ 설탕 (1) 560g
□ 흰자 2,750g □ 설탕 (2) 960g
□ 카카오매스 560g

아메르 샌드크림 레시피 재료

□ 다크 초콜릿 600g □ 생크림 1,350g

아메르 윗면 크림 레시피 재료

□ 다크 초콜릿 40g □ 카카오매스 135g
□ 버터크림 150g

아메르 제품 단면도

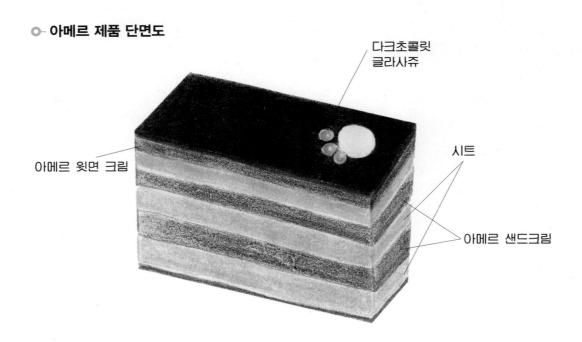

다크초콜릿 글라사쥬

아메르 윗면 크림

시트

아메르 샌드크림

◦ **시트 제조**
   및 굽기

1 | 카카오매스 중탕하기

2 | 반죽과 섞기 1

3 | 반죽과 섞기 2

4 | 굽기

1/ 아메르 시트 제조

① 노른자와 설탕 (1)을 43℃까지 중탕하고 믹서기에 넣어 100%까지 휘핑한다.

② 흰자를 믹서에 넣고 설탕 (2)를 3번에 나누어 넣으며 100%까지 휘핑한다.

③ 카카오매스를 중탕으로 녹인다.

④ ①에 ②를 세 번에 나누어 섞은 후 중탕으로 녹인 ③에 반죽으로 일부 덜어 섞어주고 전체를 혼합하여 유산지를 깔아준 철판에 팬닝한다.

2/ 굽기 : 210/160℃ 7~8분

① 아메르 시트 반죽 배합에 카카오매스를 중탕하여 넣어 주면 쌉쌀하면서도 진한 초콜릿의 향을 표현할 수 있습니다.

② 밀가루가 들어가지 않는 배합의 특성상 제품의 형태와 부피를 표현하기 위해 별립법으로 제조하면서 머랭을 100%로 휘핑합니다.

③ 카카오매스를 섞을 때 본 반죽의 일부분을 떼어내어 미리 섞어 카카오매스가 덩어리지지 않게 한 후 본 반죽에 섞습니다.

케이크 파트장의 **Tip**

○─ 아메르 만들기 ①

5 │ 다크 초콜릿, 생크림 섞기	6 │ 크림 샌드하기
7 │ 고르게 펴기	8 │ 크림 중량하기
9 │ 평철판 덮기	10 │ 윗면 샌드 크림 제조

3/ 아메르 샌드 크림 만들기

① 다크 초콜릿을 중탕하여 녹이고 70%까지 휘핑한 생크림을 2~3회 나누어 섞어준다.

② 가로 32cm×세로 47cm 아메르 틀에 시트 – 크림 – 시트 – 크림 – 시트 순으로 샌드해준다.

③ 틀 위에 철판을 덮어 냉동고에 2시간 이상 굳힌다.

4/ 아메르 윗면 크림 만들기

① 다크 초콜릿과 카카오매스를 중탕으로 반만 녹이고 섞어 페이스트 상태를 만든다.

② 포마드한 버터크림과 섞어준다.

---

① 배합에 들어가는 다크 초콜릿의 일부분을 카카오매스로 대신함으로써 아메르 샌드크림의 단맛을 줄이고 진한 초콜릿의 향을 표현하였습니다.

② 아메르 케이크는 층층이 크림과 시트를 쌓아주고 글라사쥬까지 해준 후 재단하는 케이크이기 때문에 재단하는 과정에서 형태가 흐트러지지 않도록 냉동고에 굳히는 과정이 필요합니다. 이때, 시트와 크림이 안정적으로 굳을 수 있도록 평철판을 덮어준 후 냉동고에 굳혀줍니다.

케이크 파트장의 **Tip**

○─ 아메르
　　만들기 ②

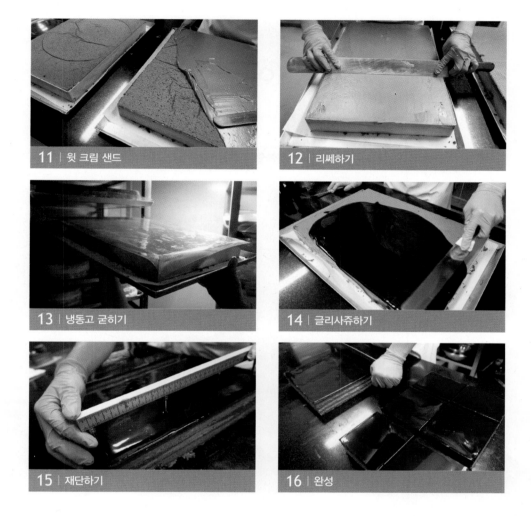

11	윗 크림 샌드	12	리쎄하기
13	냉동고 굳히기	14	글리사쥬하기
15	재단하기	16	완성

5/ 굳힌 아메르 케이크의 윗면에 아메르 윗면 크림을 고르게 리쎄하기

6/ 비닐을 씌운 후 냉동고에 2시간 이상 굳히기

7/ 초콜릿 글라사쥬를 고르게 펴주고 틀에서 빼기

8/ 가로×세로 각각 11cm로 재단하여 자르기

① 프랑스어로 리쎄(lisser)는 '매끄럽게 하다', '윤기를 내다'라는 뜻으로 윗면의 크림과 같은 텍스쳐를
고르게 펴주기 위하여 긴 스파츌라로 양손의 힘을 고르게 가하며 펴주는 작업을 말합니다.

케이크 파트장의 **Tip**

② 초콜릿 글라사쥬는 베이크 플러스에서 시판하는 초코미로와로 위에 덮을 양 만큼만 사용합니다.

06 에끌레어

생산수량 길이 12cm 약 35~40개

기본 슈 페이스트리 반죽에는 당을 첨가하지 않지만 설탕과 분유를 첨가하여 껍질색을 진하게 유도하고 캐러멜 풍미를 증진시켰습니다. 반죽을 짜준 후 슈 가파우더를 뿌려 완제품의 터짐을 방지하였습니다. 퐁당으로 아이싱하던 기존의 에끌레어에 캐러멜과 글라사쥬를 이용하여 맛과 디자인에서 변화를 준 디저트입니다.

○─ 에끌레어피 레시피 재료

□ 물 300g   □ 무염버터 140g
□ 설탕 6g   □ 천일염 6g
□ 분유 30g   □ 중력분 180g
□ 계란 6개

○─ 캐러멜 크림 레시피 재료

□ 설탕 270g   □ 생크림 360g
□ 버터 180g   □ 마스카포네 750g
□ 젤라틴 3장

* 캐러멜 에끌레어용

○─ 초콜릿 크림 레시피 재료

□ 다크 초콜릿 250g   □ 우유 320g
□ 생크림 320g   □ 노른자 4개
□ 설탕 30장   □ 판 젤라틴 3장

* 초콜릿 에끌레어용

○─ 에끌레어 작업흐름도

1 | 슈 반죽 제조

2 | 슈 반죽 굽기
오븐 190℃ 30분

3 | 캐러멜 슈크림 제조

4 | 슈 재단 및 크림 충전

5 | 데코레이션 초콜릿 제조

6 | 완성
캐러멜 에끌레어 – 데코레이션 완성
초콜릿 에끌레어 – 글라사쥬 완성

○─ 반죽하기

1 | 끓인 버터, 물, 설탕, 천일염에 가루 재료 섞기
2 | 충분히 호화시키기
3 | 계란 섞기
4 | 반죽 완성

1/ **에끌레어피 반죽 만들기**

① 물, 무염버터, 설탕, 천일염을 볼에 넣고 팔팔 끓인다.

② 체로 친 중력분과 분유를 ①에 넣고 호화시킨다.

③ 호화시킨 반죽을 믹서 볼에 넣고 비터로 섞으면서 계란을 3회에 나누어 넣어 매끄럽게 섞는다.

케이크 파트장의 **Tip**

① 반죽이 많아 믹서를 사용하여 계란을 섞을 때는 반죽의 온도를 잘 관리해야 합니다.

② 계란을 넣어 섞을 때 중속을 사용하고 만약 분리현상이 생기면 고속으로 돌려 매끄럽게 섞으면 됩니다.

◦– 에끌레어
만들기 ①

5 | 에끌레어 모양 짜주기

6 | 분당 뿌리기

7 | 캐러멜 만들기

8 | 캐러멜 끓이기

9 | 버터 섞기

10 | 포마드한 마스카포네와 섞기

2/ 완성된 반죽을 짤주머니에 담아 12cm 정도의 길이로 짜기

3/ 균일하게 짠 반죽 위에 데코 슈가파우더를 체로 뿌리기

4/ 굽기 : 180/180℃ 30~35분

5/ 캐러멜 크림 만들기

　① 설탕만 캐러멜화 시킨 후 생크림을 부어주어 부글부글 끓인다.

　② 부글거림이 사그라지면 무염버터를 넣어 녹인다.

　③ 미리 포마드 상태로 만든 마스카포네에 캐러멜 시럽을 4회에 나누어 넣으면서 균일하게 섞어준다.

　④ 찬물에 불린 젤라틴을 넣어 균일하게 섞는다.

마스카포네에 캐러멜 시럽을 한 번에 부으면 크림상태가 묽어질 수 있으므로 주의합니다.

 케이크 파트장의 **Tip**

○─ 에끌레어
　　만들기 ②

11	굽기 완성	12	윗면 재단
13	크림 충전하기	14	크림 짜주기
15	데코레이션용 초콜릿	16	초콜릿 재단

6/ 구운 에끌레어 윗면 살짝 자르기

7/ 캐러멜 크림을 짤주머니에 담아 짜 충전하고 파이핑하여 장식하기

8/ 캐러멜 크림으로 장식한 후 급속 냉동고에 넣고 냉동하기

9/ 냉동시킨 에끌레어에 초콜릿 장식물을 만들어 장식하기

케이크 파트장의 **Tip**

① 초콜릿 장식물은 템퍼링한 초콜릿을 지그재그 모양으로 짠 후 굳으면 금분을 붓으로 바릅니다.

② 초콜릿 크림 만들기

　㉠ 노른자와 설탕을 섞어준다.

　㉡ 생크림과 우유를 끓인 후 ㉠에 넣고 주걱으로 저어 주면서 끓인다.

　㉢ ㉡을 다크 초콜릿에 넣고 섞은 후 찬물에 불린 판 젤라틴을 넣고 섞는다.

　㉣ 완성된 크림은 냉장고에서 식힌 후 사용한다.

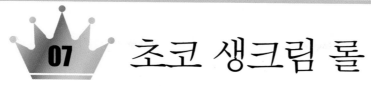

초코 생크림 롤

생산수량 12개

충전용 크림 제조 시 카카오 매스 함량이 72%인 아리바 커버추어를 사용하여 진한 초콜릿의 맛을 표현하였습니다. 또한 동물성 생크림과 아리바 커버추어를 사용하여 가나슈를 끓이고 별도의 동물성 생크림을 추가하여 초코 생크림을 만든 후 1일 숙성을 거치면서 크림의 형태와 유지방의 안정성을 높여줍니다. 신맛이 강한 더치 커피와 어울리는 달콤하고 진하며 부드러운 케이크입니다.

롤 시트 레시피 재료

- □ 계란 210g
- □ 노른자 505g
- □ 물엿 280g
- □ 천일염 5g
- □ 박력 쌀가루 450g
- □ 흰자 880g
- □ 설탕 540g
- □ 동물성 생크림 350g
- □ 코코아 분말 100g

초코 생크림 레시피 재료

- □ 동물성 생크림 (1) 1,150g
- □ 설탕 250g
- □ 아리바 커버추어 1,000g
- □ 동물성 생크림 (2) 2,500g

초코 생크림 롤 작업흐름도

1 | 롤케이크 시트 반죽하기

2 | 평철판에 팬닝 후 굽기
170℃ 25분

3 | 시트 재단하기

4 | 초코 생크림 제조

5 | 크림 충전 후 말아서 냉동보관

6 | 데코레이션

○ 반죽하기

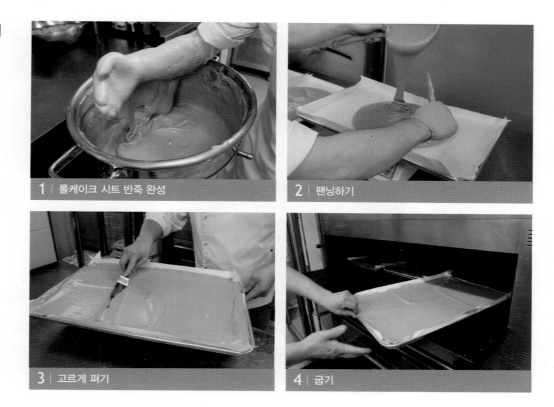

1 | 롤케이크 시트 반죽 완성

2 | 팬닝하기

3 | 고르게 펴기

4 | 굽기

1/   롤 시트 반죽 만들기

① 계란, 노른자, 물엿, 천일염을 혼합하여 중탕으로 가열한 후 믹서로 휘핑한다.

② 흰자에 설탕을 넣고 믹서로 휘핑하여 85% 정도의 머랭을 제조한다.

③ 충분히 휘핑한 ①의 반죽에 머랭 1/3, 체로 친 박력 쌀가루, 중탕한 동물성 생크림, 나머지 머랭 순으로 넣으면서 균일하게 섞는다.

④ 3장의 평철판에 1,000g씩 나누어 붓고 윗불 200℃, 아랫불 150℃에서 약 8분 정도 굽는다.

케이크 파트장의 **Tip**

롤 시트 반죽 속에 혼입된 공기의 양을 유추하는 방법으로 현장에서는 비중 측정법 이외에 반죽의 일부분을 떠서 흘려 보아 나타나는 점성으로 유추합니다.

○─ **초코 생크림 롤**
　　만들기 ①

5 | 크림 만들기

6 | 크림 완성

7 | 재단하기

8 | 종이재단

9 | 시트 뒤집기

10 | 말기 좋은 상태로 보관

2/ **초코 생크림 만들기**

① 동물성 생크림 (1)과 설탕을 넣고 끓인 후 아리바 커버추어를 넣어 가나슈를 만든다.

② 만든 가나슈에 동물성 생크림 (2)를 넣어 섞은 후 냉장고에서 24시간 숙성시킨다.

③ 숙성시킨 가나슈 반죽을 휘핑하여 크림을 완성한다.

3/ **구운 시트를 2등분하여 말기 편하게 쌓아두기**

초코 생크림은 반드시 냉장고에서 숙성시켜주어야만 휘핑 시 분리현상이 발생하지 않습니다.

케이크 파트장의 **Tip**

초코 생크림 롤 만들기 ②

11 | 크림 충전	**12** | 말기
13 | 냉동 보관	**14** | 코코아가루 뿌리기
15 | 생크림 짜기	**16** | 데코레이션

4/ 시트의 한쪽부분에 초코 생크림을 많이 바른 후 말기

5/ 말기를 한 초코 생크림 롤을 종이에 싸서 냉동고에 하루 정도 굳히기

6/ 냉동고에서 굳힌 롤 케이크를 초코 생크림으로 아이싱하기

7/ 아이싱한 롤 케이크에 초콜릿파우더(제품명 : 초콜릿촉피엔브이)를 뿌리고 그 위에 발로나 코코아 가루 뿌리기

8/ 휘핑한 생크림으로 지그재그 파이핑을 한 후 제철 과일로 장식하여 완성하기

08 샤이닝망고 케이크

생산수량 1호 14개

두 개의 무스크림을 사용한 샤이닝망고는 망고의 단맛과 신맛을 유크림의 우유 지방으로 부드럽게 중화시킨 망고 무스크림과 요거트 페이스트를 사용하여 새콤함과 더불어 유산균을 함께 섭취할 수 있는 요거트 무스크림이 조화롭게 어우러진 케이크입니다. 요거트 페이스트의 신맛을 순화하기 위하여 요거트 페이스트를 80℃까지 중탕하여 요거트 자체의 깊은 맛을 더욱 표현하였습니다.

◐ 망고 무스크림 레시피 재료

□ 망고퓌레 2,000g   □ 설탕 600g
□ 판 젤라틴 30장   □ 생크림 1,800g
□ 코앵트로 120g

◐ 요거트 무스크림 레시피 재료

□ 노른자 200g   □ 설탕 300g
□ 물 120g   □ 판 젤라틴 15장
□ 생크림 1,200g
□ 요거트 페이스트 1,000g

◐ 샤이닝망고 케이크 시트 준비

* 후레즈 시트 제조방법 293page 참조
* 1호 후레즈 시트 8mm 두께 14장, 속에 들어갈 미니 후레즈 시트 8mm 두께 14장 재단

◐ 샤이닝망고 케이크 제품 단면도

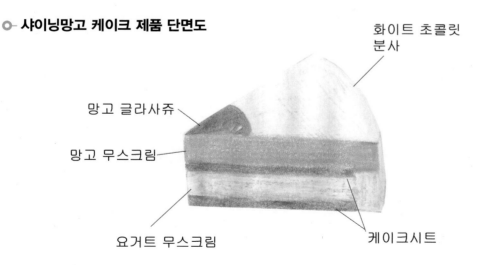

화이트 초콜릿 분사

망고 글라사쥬

망고 무스크림

요거트 무스크림

케이크시트

◦ 망고 무스크림 만들기

1 | 젤라틴 불리기
2 | 설탕 넣기
3 | 녹이며 섞기
4 | 생크림과 섞기

1/ 망고 무스크림 만들기

① 판 젤라틴을 찬물에 넣고 불린다.

② 망고퓌레에 설탕을 넣고 중탕하여 80℃까지 올린다.

③ 불린 판 젤라틴을 중탕한 망고퓌레에 넣고 균일하게 섞은 후 10℃ 정도로 냉각시킨다.

④ 생크림에 코앵트로를 넣고 70%정도 휘핑한다.

⑤ 휘핑한 생크림을 냉각시킨 망고퓌레 반죽에 넣고 균일하게 섞는다.

① 생크림의 휘핑 상태에 따라 무스크림의 질감이 달라지므로 휘핑 상태를 일정하게 유지하는 것이 중
요합니다.

② 차갑게 휘핑한 생크림을 섞을 때 미리 냉각시킨 반죽의 냉각온도 설정은 계절과 젤라틴의 양 등을
고려하여 결정합니다.

케이크 파트장의 **Tip**

○— 샤이닝망고
만들기 ①

5 | 망고무스크림 팬닝

6 | 시트 올리기

7 | 냉동 굳히기

8 | 요구르트 페이스트

9 | 젤라틴 섞기

10 | 생크림과 섞기

2/ 요거트 무스크림 만들기

① 판 젤라틴을 찬물에 넣어 불리고 설탕에 물을 넣어 끓여 청을 잡는다.

② 노른자를 휘핑한 후 청을 넣고 뽐부를 올린다.

③ 중탕한 요거트 페이스트에 불린 판 젤라틴을 넣고 균일하게 섞는다.

④ 요거트 페이스트에 뽐부를 넣고 섞은 후 70% 휘핑한 생크림을 넣어 균일하게 섞는다.

3/ 1호 무스 링에 랩을 씌우고 바닥으로 향하게 한 다음 망고 무스크림 붓기

4/ 미니 후레즈 시트를 넣고 망고 시럽을 듬뿍 뿌려 적신 후 냉동실에 넣어 굳히기

망고 시럽 만들기 : 물 5,000g과 설탕 1,500g을 팔팔 끓인 후 망고퓨레를 넣어 섞은 후 식혀 사용합니다.   케이크 파트장의 **Tip**

◦ 샤이닝망고
　만들기 ②

11 | 요거트 무스 크림 팬닝

12 | 시트 놓기

13 | 냉동 굳히기

14 | 분사용 초코 제조

15 | 틀에서 빼내기

16 | 화이트 초콜릿 분사

5/ 냉동실에서 굳힌 케이크에 요거트 무스크림을 붓고 시럽을 뿌리지 않은 1호 후레즈 시트 덮기

6/ 다시 냉동실에 넣어 굳힌 후 꺼내어 가스토치를 사용하여 무스 링 제거하기

7/ 화이트 초콜릿 400g, 카카오버터 200g, 이산화티타늄(옥시드티탄) 10g을 중탕하여 섞어 준비하기

8/ 초콜릿 분사기에 중탕하여 용해시킨 화이트 초콜릿을 충전하여 분사하기

용해 화이트 초콜릿에 이산화티타늄(옥시드티탄)을 넣으면 화이트 초콜릿의 흰색을 보다 하얗게 만들 수 있습니다.

케이크 파트장의 **Tip**

09 초코 무스 케이크

생산수량 2호 6개

다크 초콜릿에 산딸기 퓌레를 첨가하여 진한 초콜릿의 맛과 산딸기의 새콤달콤한 맛을 표현하였습니다. 코코아 분말을 첨가하는 기존의 초코 무스 케이크는 코코아 분말의 건조함으로 인하여 식감이 부드럽지 않고 텁텁할 수 있습니다. 이러한 부분을 재료의 변화로 개선해 한층 업그레이드된 맛을 선사하는 새로운 타입의 초코 무스 케이크입니다.

◐ 무스크림 레시피 재료

- □ 노른자 416g
- □ 30보메 시럽 712g
- □ 다크 초콜릿 1,560g
- □ 산딸기 퓌레 200g
- □ 판 젤라틴 24개
- □ 생크림 1,666g

◐ 초코 무스 케이크 시트 준비

- * 후랑보아즈 시트 제조방법 298page 참조
- * 후랑보아즈 시트 1호 6장(속에 들어감) 2호 6장 8mm 두께로 재단

◐ 30보메 시럽 배합표

- □ 설탕 237g
- □ 물 474g

◐ 초코 무스 케이크 제품 단면도

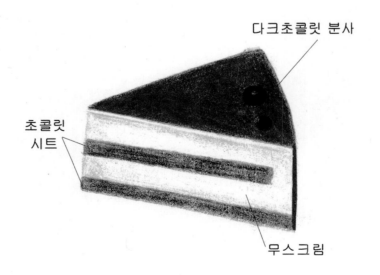

다크초콜릿 분사

초콜릿 시트

무스크림

○ 준비하기

1 | 생크림 휘핑하기

2 | 생크림 숙성

3 | 깔리보 초콜릿

4 | 딸기 퓌레와 섞기

1/ 무스크림 만들기

① 생크림을 60% 휘핑 후 냉장고에 넣어 보관한다.

② 다크 초콜릿과 산딸기 퓌레를 함께 넣고 중탕한다.

케이크 파트장의 **Tip**

① 생크림은 미리 휘핑하여 냉장고에 차갑게 보관·유지시켜야 섞을 때 생크림의 유지방이 녹지 않고
크림상태를 유지할 수 있습니다.

② 겨울에 무스크림을 제조할 때는 반죽의 온도유지를 위하여 초콜릿과 퓌레를 함께 적당히 중탕하는
것이 좋습니다.

무스크림과 초코 무스 케이크 만들기 ①

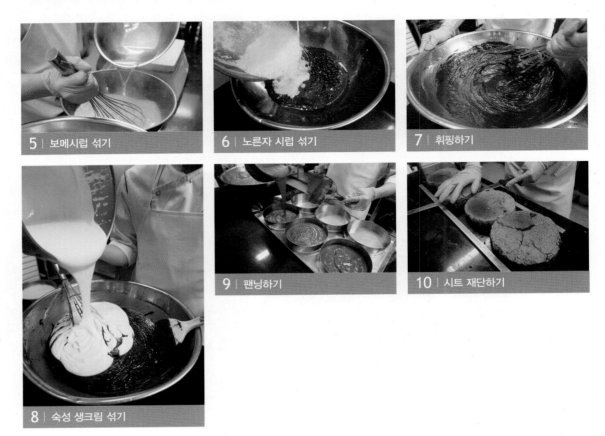

5 | 보메시럽 섞기

6 | 노른자 시럽 섞기

7 | 휘핑하기

9 | 팬닝하기

10 | 시트 재단하기

8 | 숙성 생크림 섞기

③ 노른자를 중탕한 후 핸드 거품기로 100% 휘핑한다.

④ ③에 끓인 30보메 시럽을 조금씩 부으면서 균일하게 섞는다.

⑤ 중탕한 딸기퓨레와 다크 초콜릿을 ④에 넣고 균일하게 섞는다.

⑥ 용해시킨 젤라틴을 ⑤에 넣고 균일하게 섞는다.

⑦ 냉장고에 보관해 둔 휘핑된 생크림을 ⑥에 넣고 가볍게 섞어 무스크림을 완성한다.

2/ 2호 무스 링에 랩을 씌우고 바닥으로 향하게 한 다음 초코 무스크림 붓기

3/ 1호, 2호 후랑보아즈 시트를 재단용 쇠봉을 이용하여 균일한 두께로 재단하기

① 생크림에 혼입시키는 공기의 양을 적게 하여 초콜릿 무스크림의 묵직한 맛을 극대화 시켰습니다.

② 생크림의 휘핑은 60% 정도 올립니다. 생크림의 휘핑 상태와 유지온도에 따라 무스크림의 맛이 달라지므로 만들 때마다 주의깊게 관찰해야 합니다.

케이크 파트장의 **Tip**

초코 무스 케이크 만들기 ②

11	시럽 적시기
12	무스크림 위에 시트 올리기
13	무스크림 넣기
14	시트 올리기
15	냉동고 굳히기
16	초콜릿 분사하기

4/ 1호 후랑보아즈 시트에 체리 시럽을 듬뿍 뿌려 적신 후 무스 틀에 넣기

5/ 그 위에 다시 초코 무스크림을 붓기

6/ 2호 후랑보아즈 시트에는 시럽을 뿌리지 않고 무스 틀에 넣기

7/ 조립이 끝난 케이크를 냉동실에서 굳힌 후 꺼내어 가스토치를 사용하여 무스 링 제거하기

8/ 중탕하여 용해시킨 다크 초콜릿을 초콜릿 분사기에 충전하여 분사하기

① 시럽 레시피는 물 5,000g, 설탕 2,500g, 냉동체리 3,000g으로 함께 팔팔 끓인 후 사용합니다.

② 분사 초콜릿 : 다크 초콜릿 400g + 카카오버터 200g을 55℃ 정도의 중탕에서 녹여서 사용합니다.

케이크 파트장의 **Tip**

10 뉴욕크림치즈 케이크

미국 뉴욕의 크림치즈 케이크는 사워크림이 들어가 신맛이 강한데, 이러한 신맛은 한국 소비자들에게 상했거나 제조한지 오래되었다는 오해를 받을 수가 있어 사워크림의 신맛을 부드러운 요거트와 레몬즙으로 대체한 레시피를 제공합니다. 완성된 치즈케이크는 하루 동안 냉동과정을 거쳐 요거트와 레몬즙의 신맛을 더욱 깊이 있게 만듭니다.

◐ 뉴욕크림치즈 레시피 재료

□ 끼리크림치즈 3,500g □ 요거트 290g
□ 설탕 700g □ 전분 58g
□ 노른자 7개 □ 계란 12개
□ 생크림 875g □ 레몬즙 90g

◐ 바닥 비스킷 레시피 재료

□ 에이스 1,000g □ 버터 400g

◐ 뉴욕크림치즈 케이크 제품 단면도

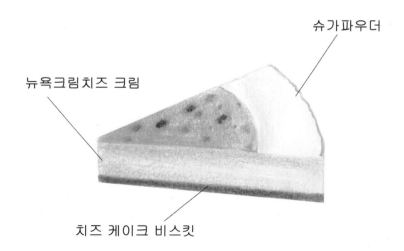

슈가파우더

뉴욕크림치즈 크림

치즈 케이크 비스킷

○ 비스킷 반죽하기

1 | 에이스 으깨기

2 | 크림치즈와 섞기

3 | 뭉칠 정도로 섞기

4 | 팬닝하기

1/ 비스킷 반죽 만들기

① 크래커를 잘게 부수어 체에 통과시켜준다.

② 부드럽게 풀어준 버터와 잘 섞어준다.

③ 틀에 230g씩 덜어 평평하게 펴준 후 단단해지도록 꾹꾹 눌러 준비한다.

젊은 층에게 특히 인기가 많은 뉴욕크림치즈 케이크는 케이크 코너에서 빠질 수 없는 아이템으로 누구
나 응용이 쉽도록 제조방식을 더욱 빠르고 맛있게 변형하였습니다. 에이스를 잘게 부수어 버터와 섞은   케이크 파트장의 **Tip**
뒤 팬닝하는 방법이면 기존 비스킷 제조시간을 30분 가량 단축할 수 있습니다.

뉴욕크림 치즈 케이크 만들기 ①

5 | 생크림 끓이기

6 | 크림치즈에 요거트, 레몬즙 순으로 섞기

7 | 노른자, 계란에 설탕, 전분 순으로 섞기

8 | 노른자 반죽 섞기 1

9 | 노른자 반죽 섞기 2

10 | 끓인 생크림 넣기

2/ 크림치즈 만들기

① 생크림에 설탕 1/2을 넣고 끓인다.

② 크림치즈를 포마드화 시키고 요거트, 레몬즙 순으로 넣고 섞어준다.

③ 노른자, 계란을 풀고 설탕 1/2을 섞은 뒤 전분을 섞는다.

④ ①을 ③에 넣고 섞은 뒤 ②에 조금씩 나눠 섞어 준다.

케이크 파트장의 Tip

① 케이크를 제조할 때는 여러가지 재료를 섞는 순서가 중요합니다.

② 설탕량의 1/2을 생크림에 넣어 끓여주면 생크림이 서서히 끓어 오르면서 타는 것을 방지할 수 있습니다.

③ 노른자, 계란을 풀어서 설탕 1/2을 넣어서 섞으면 익는 온도가 65~70℃인 계란의 응고점이 올라가서 100℃로 끓인 생크림을 넣었을 때 익어서 덩어리가 지는 것을 방지할 수 있습니다.

**뉴욕크림치즈
케이크
만들기 ②**

11 | 팬닝하기

12 | 탭핑하기

13 | 굽기

14 | 기포정리

15 | 굽기 완성

16 | 데코스노우 뿌리기

3/ 틀에 1,000g씩 치즈크림 팬닝하기

4/ 팬닝 후 팬을 가볍게 내리친 후 1/4정도 높이 만큼 물을 부은 철판에 놓아 굽기

5/ 굽기 : 180/160℃ 30~35분(15~20분 후 올라오는 기포를 송곳으로 살짝 찔러 없앤다)

6/ 1일간 냉동보관

7/ 냉장에서 해동 후 데코스노우 뿌려 완성

---

① 오븐에 넣은지 15~20분가량 지났을 때 디핑 포크로 윗면에 올라온 기포를 터트려 정리해주면 완제
품의 심한 갈라짐을 완화할 수 있습니다.

② 레시피를 보완한 뉴욕크림치즈 케이크는 요거트의 유산과 레몬즙의 구연산으로 식욕을 돋우며 장의
정장작용을 돕는 디저트 케이크입니다.

케이크 파트장의 **Tip**

11 예담치즈 케이크

생산수량 6개

크림치즈에 견과류와 과일의 풍미가 있는 까망베르치즈를 첨가하여 보다 깊이 있는 향과 맛을 표현할 수 있습니다. 지방함량이 높은 예담치즈 케이크의 특성상 냉동시키는 과정에서 지방의 구성을 안정화 시킵니다. 뉴욕치즈 케이크의 신맛에 익숙하지 않은 분들에게는 부드럽고 촉촉한 예담치즈 케이크를 추천할 수 있습니다.

○- 충전용 치즈크림 레시피 재료

□ 크림치즈 2,096g   □ 까망베르치즈 120g
□ 설탕 804g   □ 버터 804g
□ 레몬 제스트 6개   □ 레몬즙 6개

○- 토핑용 치즈크림 레시피 재료

□ 크림치즈 670g   □ 설탕 220g
□ 휘핑크림 400g   □ 에버 400g
□ 레몬즙 20g

○- 바닥 비스킷 레시피 재료

□ 에이스 1,000g   □ 버터 400g

○- 예담치즈 케이크 제품 단면도

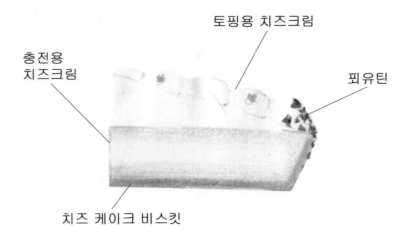

토핑용 치즈크림

충전용
치즈크림

피유틴

치즈 케이크 비스킷

○- 비스킷 반죽하기

1 | 에이스 준비

2 | 에이스 체치기

3 | 버터와 섞기

4 | 팬닝하기

1/ 비스킷 반죽 만들기

① 크래커를 잘게 부수어 체에 통과시켜준다.

② 부드럽게 풀어준 버터와 잘 섞어준다.

③ 틀에 230g씩 덜어 옆면을 조금 두껍게 전체적으로 펴준 후 단단해지도록 꾹꾹 눌러 준비한다.

케이크 파트장의 **Tip**

젊은 층에게 인기가 많은 치즈 케이크의 한 형태로 케이크 코너에서 빠질 수 없는 아이템입니다. 누구나 응용이 쉽도록 제조방식을 더욱 빠르고 맛있게 변형하였습니다. 에이스를 잘게 부수어 버터와 섞은 뒤 팬닝하는 방법이면 기존 비스킷 제조시간을 30분 가량 단축할 수 있습니다.

예담치즈 케이크 만들기 ①

5 | 포마드 버터와 설탕 섞기	6 | 치즈 섞기
7 | 레몬 제스트 섞기	8 | 녹인 버터 섞기
9 | 레몬즙 섞기	10 | 팬닝 후 굽기

2/ 충전용 치즈크림 만들기

① 크림치즈를 유연하게 만든 후 설탕을 넣고 균일하게 섞는다.

② 까망베르치즈를 넣고 균일하게 섞는다.

③ 레몬즙과 레몬 제스트를 순서대로 넣고 균일하게 섞는다.

④ 중탕으로 용해시킨 버터를 3번에 나누어 넣으면서 균일하게 섞는다.

3/ 틀에 790g씩 충전용 치즈크림 팬닝 후 주걱으로 윗면을 평평하게 하기

4/ 굽기 : 180/160℃ 30~35분

---

① 케이크를 제조할 때는 여러가지 재료를 섞는 순서가 중요합니다.

② 용해 버터가 들어가기 전에 반드시 레몬즙이 들어가야 합니다. 만약 용해 버터를 넣고 섞은 다음 레몬즙을 넣어 섞으면 반죽에 분리현상이 생겨 원하는 상태의 제품을 생산할 수 없습니다.

케이크 파트장의 **Tip**

○ **예담치즈 케이크 만들기 ②**

11	크림치즈와 설탕 휘핑하기
12	레몬즙 섞기
13	생크림과 섞기
14	토핑용 치즈크림 완성
15	크림 짜기
16	푀유틴 묻히기

5/ 토핑용 치즈크림 만들기

① 크림치즈를 비터로 유연하게 한 후 설탕을 넣고 균일하게 섞는다.

② 레몬즙을 넣고 균일하게 섞는다.

③ 100% 휘핑한 에버 생크림을 넣고 균일하게 섞어 완성한다.

6/ 구운 예담치즈 케이크를 1일간 냉동보관 후 틀에서 빼기

7/ 토핑용 치즈크림을 270g 정도 케이크 위에 올려 산처럼 뾰족하게 다듬기

8/ 스패츌라 끝을 이용해 소용돌이 무늬 내기

9/ 가장자리에 푀유틴을 가볍게 묻히기

10/ 체로 데코스노우 뿌리기

11/ 규칙적인 간격을 유지하며 미로와를 이용하여 물방울 짜기

12/ 금박으로 장식하여 마무리

12 파블로바

생산수량 1호 6개

다양한 과일의 맛을 그대로 표현하기 위해 달걀의 흰자와 화이트 초콜릿을 사용하였습니다. 머랭쿠키 제조 시 옥수수 전분을 첨가하여 보형성을 높이고 크림 샌드 시 수분의 침투를 막기 위해 화이트 초콜릿으로 코팅하였습니다. 호주와 뉴질랜드의 국민 디저트로 사랑받는 파블로바는 상큼한 패션프루트가 잘 어울리는 디저트 케이크입니다.

○– 머랭 시트 레시피 재료

□ 흰자 480g   □ 설탕 160g
□ 콘스타치 60g   □ 레몬 즙 30g

○– 파블로바 제품 단면도

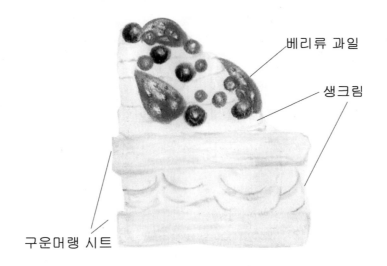

베리류 과일

생크림

구운머랭 시트

○─ 머랭 시트 만들기

1 | 머랭 휘핑하기

2 | 머랭 완료점

3 | 스파이럴 모양 짜기

4 | 굽기

1/   모든 재료를 넣고 고속으로 휘핑하여 튼튼한 머랭 만들기

2/   철판에 테프론 시트지를 깔고 1호 무스링 크기로 **1**을 짜기

3/   오븐 온도 100/100℃에서 예열 후 반죽을 넣고 90/90℃에서 4∼5시간 완전하게 말려 굽기

케이크 파트장의 **Tip**

① 파블로바를 구울 때 보통 4∼5시간이지만 날씨에 따라서 완전하게 말리는 데 8시간이 걸립니다.

② 굽는 도중에 가라앉는다면 온도를 10℃씩 더 줄여줍니다.

○– **파블로바**
만들기

5 | 화이트초콜릿 코팅

6 | 블루베리잼 바르기

7 | 생크림 짜기

8 | 머랭쿠키 얹기

9 | 분당 뿌리기

10 | 데코레이션

4/ 구워진 머랭 쿠키에 화이트 초콜릿을 얇게 바르기

5/ 휘핑한 식물성 생크림 440g과 커스터드 크림 100g을 섞어 만든 크림을 적당량 바르기

6/ 5 위에 블루베리 리플잼을 얇게 바르기

7/ 짤주머니에 별모양 깍지를 끼우고 크림을 담아 짜준 후 당적 블루베리 뿌리기

8/ 7 위에 머랭 쿠키 한 장을 올려 준 뒤 남은 크림을 산 모양으로 짜기

9/ 딸기, 당적 블루베리, 당적 크랜베리, 레드 커런트, 거봉 등으로 장식하여 완성

머랭 쿠키에 화이트 초콜릿을 바를 때 빈틈이 생기면 수분이 들어가 눅눅해집니다. 케이크 파트장의 **Tip**

13 후레즈

불어로 딸기(fraise)를 뜻하는 후레즈 케이크는 최고급 딸기를 선별하여 넣는 것이 중요합니다. 케이크 시트와 딸기 퓌레의 경계면에 버터크림을 발라 케이크 시트가 수분을 흡수하는 것을 방지하였습니다. 딸기가 제철인 겨울에 따뜻하고 밝은 분위기를 연출하며 각종 이벤트와 축하용으로 사랑 받는 케이크입니다.

○ 무스크림 레시피 재료

☐ 우유 1,500g   ☐ 노른자 280g
☐ 전분 125g   ☐ 설탕 450g
☐ 바닐라빈 2개   ☐ 무염 버터 800g
☐ 키리쉬 50g   ☐ 딸기 3팩

○ 후레즈 시트 레시피 재료

☐ 계란 3,000g   ☐ 설탕 1,500g
☐ 유화제 80g   ☐ 박력분 1,440g
☐ 베이킹파우더 6g   ☐ 버터 720g
☐ 식용유 300g   ☐ 우유 300g
☐ 럼 60g

○ 시럽 레시피 재료

☐ 설탕 300g   ☐ 물 1,000g

○ 후레즈 제품 단면도

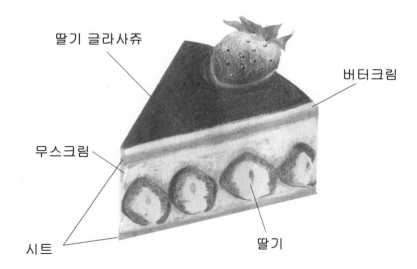

딸기 글라사쥬
버터크림
무스크림
시트
딸기

○ 반죽하기

1	끓인 생크림에 바닐라빈 넣기
2	노른자 설탕 섞기
3	끓인 생크림 섞기
4	크림 완성

1/ 무스크림 만들기

① 볼에 우유, 설탕, 바닐라빈을 넣고 끓여준다.

② 노른자를 풀어준 후 전분을 넣고 균일하게 섞어준다.

③ 노른자 반죽에 끓인 우유를 붓고 균일하게 섞은 후 불에 올려 끓여 슈크림을 제조한다. 이때 보글거리면서 끓으면 바로 불에서 내린다.

④ 무염 버터에 키리쉬를 넣고 100% 크림화를 시킨 뒤 30℃ 전후로 냉각시킨 슈크림에 넣고 잘 혼합한다.

케이크 파트장의 **Tip**

① 완성된 슈크림을 30℃ 전후로 식힌 후 휘핑한 무염버터를 혼합해야 구용성이 좋은 상태가 됩니다.

② 후레즈 시트 만들기

   ⊙ 계란, 설탕, 유화제를 믹서볼에 넣고 휘핑한다.

   ⓒ 버터, 식용유, 우유, 럼을 60℃ 정도로 중탕한다.

   ⓒ ⊙을 100%정도 휘핑한 후 체로 친 박력분, 베이킹파우더를 넣고 균일하게 섞는다.

   ⓔ 중탕한 유지를 ⓒ에 넣고 충분히 섞어준다.

◦ 후레즈 만들기

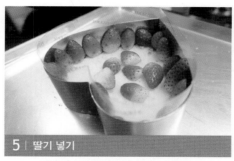

5 | 딸기 넣기

6 | 크림 짜기

7 | 시트 올리기

8 | 버터크림 바르기

9 | 냉동 굳히기

10 | 글라사쥬 하기

2/ 하트 틀에 6.5cm 무스 띠를 두르고 후레즈 시트 한 장을 깔아 준 뒤 시럽 바르기

3/ 옆면에 반쪽씩 자른 딸기를 세우고 가운데에 딸기 두쪽 놓기

4/ 짤주머니에 원형모양 깍지를 끼우고 크림을 담아 딸기를 덮을 정도로 짜서 채우기

5/ 후레즈 시트 한 장을 덮어주기

6/ 케이크 윗면에 버터크림을 스패츌라로 바른 후 냉동실에 넣고 10분 정도 굳히기

7/ 냉동실에서 굳힌 케이크 윗면에 딸기 미로와를 바른 뒤 딸기와 거봉으로 장식하기

버터크림을 바르고 미로와를 바르면 시트에 미로와가 스며드는 것을 막아 광택을 유지시킵니다.

케이크 파트장의 **Tip**

티라미수

생산수량 1호 10개, 2호 10개

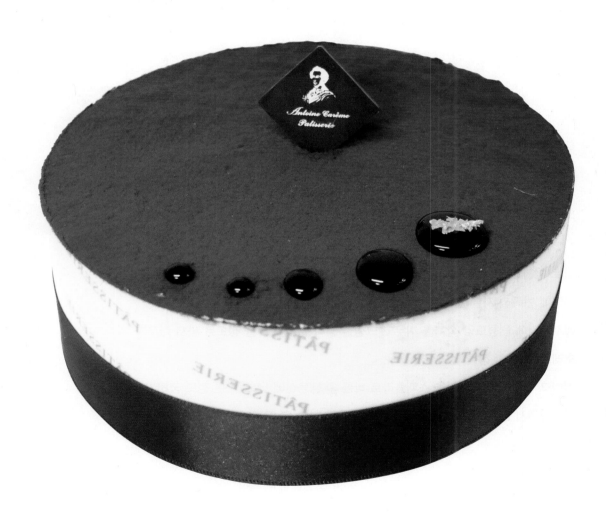

마스카포네를 이용하여 만드는 티라미수 반죽에 오렌지 향을 느낄 수 있는 코앵트로를 첨가하였습니다. 티라미수의 텍스쳐를 결정하는 생크림의 휘핑을 70%까지 맞추어 묵직하고 촉촉한 식감을 표현하였습니다. 쓴맛이 강한 아메리카노와 함께하면 훌륭한 티라미수 케이크입니다.

◐ 마스카포네 크림치즈 레시피 재료

□ 끼리 크림치즈 2,000g □ 마스카포네 2,000g
□ 생크림 (1) 1,688g □ 노른자 900g
□ 설탕 1,688g □ 물 500g
□ 젤라틴 : 가루젤라틴 100g+물 500g
□ 생크림 (2) 1,920g □ 코앵트로 280g

◐ 시럽

□ 화이트 시럽 930g □ 로티카페 40g
□ 깔루아 30g

◐ 티라미수 시트 준비

* 1호 후랑보아즈 시트 20장, 2호 시트 10장 8mm
  두께로 재단
* 후랑보아즈 시트를 초콜릿 시트라고 한다.

◐ 티라미수 제품 단면도

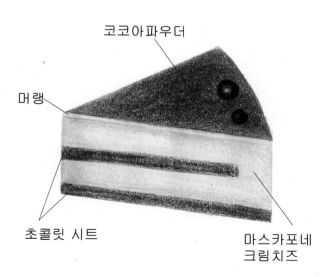

코코아파우더

머랭

초콜릿 시트

마스카포네
크림치즈

○─ 티라미수 시트 반죽하기

1 | 반죽하기

2 | 반죽 완성

3 | 팬닝하기

4 | 굽기 완성

1/ **후랑보아즈 시트 반죽 만들기** : 별립법

① 노른자와 설탕 (1)을 43℃로 중탕한 후 100% 휘핑한다.

② 흰자와 설탕 (2)로 80% 머랭을 만들어 ①에 1/3을 넣어 섞는다.

③ 체로 친 가루재료(아몬드 분말, 슈가파우더, 박력분, 코코아 분말)를 ②에 섞은 후 나머지 머랭을 넣어 잘
  섞어준다.

④ 1호 원형틀 10개, 2호 원형틀 6개에 팬닝을 한다.

⑤ 윗불 175℃, 아랫불 160℃에서 45분간 굽는다.

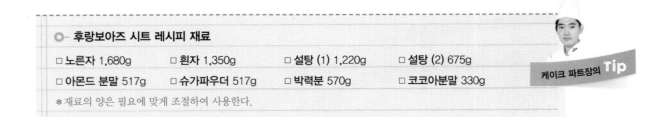

○─ 후랑보아즈 시트 레시피 재료

| □ 노른자 1,680g | □ 흰자 1,350g | □ 설탕 (1) 1,220g | □ 설탕 (2) 675g |
| □ 아몬드 분말 517g | □ 슈가파우더 517g | □ 박력분 570g | □ 코코아분말 330g |

＊재료의 양은 필요에 맞게 조절하여 사용한다.

케이크 파트장의 **Tip**

○─ 티라미수 만들기 ①

2/ 시트 자르기 : 2호 10장, 1호 20장, 미니 10장, 피스 6~8장

3/ 띠까지 두른 틀에 시트를 한 장씩 깔고 남은 시트는 앞, 뒷면 모두 시럽처리 해주기

4/ 노른자를 믹서에 넣고 거품 올리기

5/ 설탕과 물을 불에 올리고 118℃까지 시럽 끓여주기

6/ 노른자 거품이 올라와 하얗게 변하면 **5**를 넣어주고 100%까지 휘핑하기

7/ 크림치즈와 마스카포네 치즈를 포마드화 시키기

8/ 생크림 (1)을 넣고 휘퍼로 골고루 섞어준 후 코앵트로 넣어주기

9/ 생크림 (2)를 믹서에 넣고 70% 정도까지 휘핑하기

10/ **7**과 **8**을 섞고 불린 젤라틴을 녹이며 골고루 섞어주기

11/ 냉장고에서 차갑게 만든 **6**의 노른자 크림에 **10**과 **9**를 차례로 넣고 균일하게 섞어 완성하기

5 | 노른자거품 올리기   6 | 시럽 넣기

7 | 포마드 시키기   8 | 생크림 넣어 휘핑하기

9 | 코앵트루 넣기   10 | 생크림 섞기

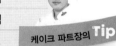

① 거품을 올린 노른자에 118℃까지 끓인 시럽을 섞고 나서 100%까지 크림을 완성하고 나면 냉장고에 잠깐 넣어 온도를 5~10℃까지 내려줍니다. 생크림은 보통 냉장고에 보관하고 있다가 바로 계량하여 섞기 때문에 섞는 과정에서 만든 크림과 차가운 생크림의 분리현상이 일어나는 것을 방지할 수 있습니다.

② 코앵트로(cointreau)는 오렌지의 껍질로 만든 프랑스 술로 도수가 높으나 단맛이 강하며 부드러운 맛과 향 때문에 케이크나 디저트를 만들 때 많이 이용되고 있습니다.

케이크 파트장의 **Tip**

○ **티라미수 만들기 ②**

11 | 팬닝하기 1

12 | 팬닝하기 2

13 | 비닐 덮기

14 | 냉동보관

15 | 버터크림 바르기

16 | 코코아 파우더 뿌리기

11/ 시럽을 적신 2호 시트를 틀 안에 깔아주기

12/ 크림을 틀 높이 70%까지 채워준 후 1호 시트를 올리고 크림을 90%까지 채우기

13/ 비닐을 덮고 냉동보관(12시간 이상)한 후 틀에서 빼내기

14/ 버터크림을 윗면에 얇게 발라주고 코코아파우더를 뿌려 완성하기

케이크 파트장의 **Tip**

① 티라미수 무스크림은 냉동에 꽁꽁 얼린 후 냉장보관하며 서서히 해동을 해주어야 케이크의 형태가 소비자들에게 판매되기 전까지 유지됩니다.

② 크림은 냉동에서 반나절 이상 보관하면 각기 따로 섞였던 재료들이 안정을 찾아 크림치즈와 마스카포네 풍미가 더욱 좋아집니다.

③ 무스크림 바로 위에 코코아파우더를 뿌리면 수분을 흡수하게 되어 보관성이 떨어지게 되므로 버터크림을 얇게 발라 코팅을 해준 후 파우더를 뿌려줍니다.

부록

베이킹 전문 크리에이터에게 듣는
베이커리 매장 공간 구성과
홍보 콘셉트 기획

"매장의 숨은 판매원"

베이커리 매장 운영에서 제품의 맛과 완성도도 중요하지만

베이커리를 방문하는 고객이 직원의 직접적인 응대 없이도

빵과 케이크에 대한 정보를 습득 → 선택 → 구매

할 수 있도록 마케팅 환경을 조성하는 것이 중요합니다.

우효영

베이킹 전문 크리에이터

르꼬르동블루 제과 전공

전 백화점 MD(가정용품/잡화)

베이킹 전문 크리에이터에게 듣는
베이커리 매장 공간 구성과 홍보 콘셉트 기획

|1| 매장의 공간 구성

베이커리는 반죽, 발효, 굽기, 데코레이션 등 많은 공정을 거쳐 제품이 생산되기 때문에 창업을 하시는 분들이 제조 시설에는 신경을 많이 쓰지만 실제적으로 소비자들이 빵/케이크를 접하고 구매가 이루어지는 공간에 대해서는 배려가 부족한 경우가 많습니다.

각 공간에 대하여 포인트 되는 정보를 통해 매장 구성 시 고려해야 할 사항을 체크해봅니다.

▲ 베이커리 매장의 공간 구성

(1) 빵 진열 공간

종류별로 진열되어 있는 빵들을 편하게 고르고 담을 수 있도록 매대는 2단으로 구성하고, 높이는 각각 70~75cm / 95~100cm 정도로 맛있게 구워진 빵의 전면을 위에서 아래로 볼 수 있으며, 집게로 셀프 선택이 가능할 수 있도록 하는 것을 추천합니다.

또한 진열된 빵이 빨리 식지 않도록 28℃ 이상의 실내온도를 유지해주는 것이 좋습니다.

▲ 신장 165cm 기준 베이커리 입점 고객의 시선

베이커리 산업이 우리나라에 비해 일찍이 발달한 일본과 대만의 경우에는 빵의 겉면이 마르는 것을 방지하기 위하여 미닫이 형식의 쇼케이스로 진열하는 경우가 많습니다. 이러한 진열 방식은 고객에게도 빵이 더욱 신선하고 깔끔하게 유지되는 느낌을 줄 수 있기 때문에 참고할만한 포인트가 될 수 있습니다.

▲ 대만의 베이커리 쇼케이스

▲ 케이크 제품 쇼케이스

(2) 매대 위치

매대와 매대사이의 공간은 최소 70cm 이상으로 구성하여 양쪽 매대를 둘러보는 고객이 교차하여 부딪히는 일이 없도록 확보하는 것이 중요합니다.

(3) 케이크 진열 공간

케이크는 색감이 다양한 과일과 데코레이션이 돋보일 수 있도록 진열장에 LED bar를 설치하고 눈부심 발생을 방지하기 위해 방열판을 함께 설치하는 것이 좋습니다. 또한 케이크의 신선도를 유지하고 케이크가 얼거나 녹는 것을 방지하기 위하여 진열장 내 온도는 5℃를 유지하는 것이 중요합니다.

조각케이크를 중점적으로 판매

▲ 조각 케이크 제품 쇼케이스

하는 카페형 베이커리의 경우는 홀케이크를 형태 그대로 조각내어 디스플레이 하는 방식이 요즘 트렌드로 많이 활용되고 있습니다.

| 2 | 매장의 숨은 판매사원, 쇼카드

베이커리 매장에서 빵을 소개하고 설명하는 판매사원을 대신하여 쇼카드가 그 역할을 톡톡히 해주고 있습니다. 쇼카드를 더욱 신경 써서 작성하게 되면 고객이 직원에게 질문을 하거나 혼란을 겪는 경우가 줄어들게 되고 고객의 구매결정을 더욱 쉽게 도와줄 수 있습니다.

(1) 빵 쇼카드

ⓐ 제품명은 진열대에서 다른 상품과 해당 제품을 구별하고 고객의 제품 선택에 도움을 주는 결정적인 역할을 합니다. 제품명만으로도 고객에게 맛과 모양을 연상하게 할 수 있도록 가장 크게 표시합니다.

ⓑ 제품설명은 구매에 결정적인 역할을 할 수 있도록 강조할만한 재료를 포인트로 설명해주도록 합니다. 맛을 상상할 수 있는 형용사 문구를 사용하고 글자 색상을 다르게 해주어 가독성을 높여 주어 판매사원을 대신하여 구매에 도움이 될 수 있도록 합니다.

ⓒ 원산지 표기는 위에서 설명한 제품의 진정성을 표현하는 방법입니다. 또한 '농수산물 원산지 표시제'에 따라 제과점에서 판매하는 빵과 케이크도 원산지를 표시해야 하며 빵의 주원료인 밀가루 뿐 아니라 팥, 밤, 호박 등 제 2원료 농산물까지 원산지 표시가 의무화되었기 때문에 이 점을 꼭 참고하여 쇼카드에 표기를 하도록 합니다.

ⓓ 가격은 빵의 정보에서 고객들이 가장 궁금해 하는 요소입니다. 가독성을 높이기 위하여 글자의 크기와 색상을 고려하여 표기하는 것이 좋습니다.

ⓔ 빵 이미지를 쇼카드에 함께 노출해주면 진열된 제품과 쇼카드의 가격을 고객이 보다 쉽게 매치할 수 있는 역할을 합니다.

▲ 빵 쇼카드 샘플

(2) 케이크 쇼카드

케이크는 홀케이크 상태로 진열되어 있어 내용물을 확인할 수 없기 때문에 쇼카드에 빵의 제품설명 부분을 대신하여 케이크 단면도를 그림 혹은 이미지로 넣고 각 부분의 재료/명칭을 표기해주면 고객의 구매를 돕는 정보를 제공할 수 있습니다. 또한 안에 들어간 크림의 종류와 재료를 같이 표기해주면 다른 케이크에 비해 금액이 높더라도 구매로 연결할 수 있는 좋은 수단이 됩니다.

▲ 케이크 쇼카드 샘플

|3| 하나를 먹으면 열을 사요. 시식코너

시식 코너는 출시된 신제품이나 주력으로 판매되는 제품을 고객이 맛보고 구매로 이어질 수 있도록 하는 역할을 합니다.

쇼카드로도 1차적인 정보들을 제공할 수 있지만 직접 맛을 보고 만족하게 되면 구매로 이어질 확률이 더욱 높습니다.

특히 백화점과 마트처럼 둘러보는 중에 맛을 보는 것이 아니라 빵을 구매하려는 목적을 가지고 매장에 방문하는 고객들에게는 시식을 제공하여 추가 구매가 이루어질 수 있도록 하는 것이 중요합니다.

베이커리 오픈이벤트나 시즌별 행사에서도 시식은 베이커리의 대표 상품을 알리고 홍보할 수 있는 좋은 수단이 될 수 있습니다.

▲ 대만의 제품시식 샘플

▲ 앙토낭카렘 시식 이벤트

|4| 베이커리 매장의 공식 리포터 팸플릿

베이커리를 방문하는 고객에게 신뢰감을 줄 수 있는 브랜드의 컨셉과 설명을 담은 팸플릿은 방문한 고객에게 짧은 시간에 브랜드 스토리를 전달할 수 있는 역할을 합니다.

요즘은 인스타그램이나 페이스북과 같은 브랜드를 홍보할 수 있는 다양한 수단들이 생겼지만 사진을 촬영하고 편집하는 스킬과 관리할 수 있는 전문 인력이 부족한 소형 윈도우 베이커리는 실질적으로 어려운 부분이 많으며 과도하게 광고성 업체를 활용할 경우 오히려 역효과를 낼 수도 있습니다.

빵은 밥 대신 우리가 자주 먹고 있으나 일반 가정에서는 만들어 먹기가 어렵기 때문에 재구매 빈도가 높고 단골 고객을 형성하는 것이 매우 중요합니다.

케이크 역시 직접 방문 구매가 주로 이루어지는 아이템이기 때문에 매장에 방문한 고객에게 베이커리의 신뢰도를 높여주고 충성고객으로 만들어 나갈 수 있는 가장 중요한 홍보수단으로 팸플릿 제작을 추천합니다.

팸플릿의 내용에는 크게

① 브랜드 소개와 컨셉

② 판매하는 제품의 컨셉과 소개

③ 매장의 위치/연락 정보

이 세 가지 정보는 필수적으로 담아 고객들이 필요로 하는 기본 정보를 모두 전달할 수 있도록 합니다.

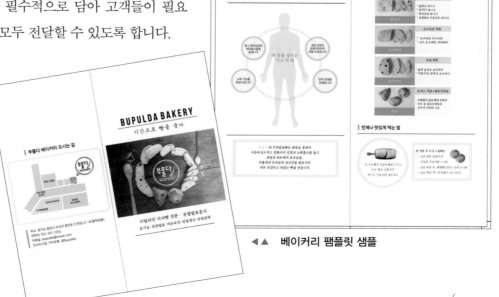

◀◀ 베이커리 팸플릿 샘플

저자 : 김종철
사진, 일러스트 : 우효영(instagram@hyoni_woo)

[앙토낭카렘] 맛의 비밀을 나누다

잘 팔리는 빵&디저트
실전레시피 56

발 행 일	2021년 6월　5일 개정2판 1쇄 인쇄
	2021년 6월 10일 개정2판 1쇄 발행
저　　자	김종철
발 행 처	크라운출판사
	http://www.crownbook.com
발 행 인	이상원
신고번호	제 300-2007-143호
주　　소	서울시 종로구 율곡로13길 21
공 급 처	(02) 765-4787, 1566-5937, (080) 850~5937
전　　화	(02) 745-0311~3
팩　　스	(02) 743-2688, 02) 741-3231
홈페이지	www.crownbook.co.kr
I S B N	978-89-406-4440-9 / 13590

특별판매정가　25,000원

이 도서의 문의를 편집부(02-6430-7012)로 연락주시면
친절하게 응답해 드립니다.